"十四五"时期国家重点出版物出版专项规划项目

主编：傅诚德 ｜ 副主编：高瑞祺 章卫兵

走进石油（第二版）
Touch the Petroleum

⑨ 衣食住行话石油
——石油化工

胡 杰　胡才仲
张华强　张 瑞　等编著

石油工业出版社

图书在版编目（CIP）数据

衣食住行话石油：石油化工 / 胡杰等编著 . —北京：石油工业出版社，2023.12

（走进石油：第二版）

ISBN 978-7-5183-6244-8

Ⅰ.①衣… Ⅱ.①胡… Ⅲ.①石油化工 Ⅳ.①TE65

中国国家版本馆 CIP 数据核字（2023）第 165363 号

出版发行：石油工业出版社

（北京安定门外安华里 2 区 1 号　100011）

网　　址：www.petropub.com

编辑部：（010）64523546　图书营销中心：（010）64523633

经　　销：全国新华书店

印　　刷：北京中石油彩色印刷有限责任公司

2023 年 12 月第 1 版　2023 年 12 月第 1 次印刷

710×1000 毫米　开本：1/16　印张：14

字数：170 千字

定价：70.00 元

（如出现印装质量问题，我社图书营销中心负责调换）

版权所有，翻印必究

《走进石油》（第二版）

丛书编委会

主　任：匡立春

副主任：傅诚德　江同文　雷　平

委　员：李　宁　苏义脑　胡文瑞　黄维和　徐春明　邹才能
　　　　高瑞祺　王大锐　吴　奇　胡　杰　何盛宝　马宝金
　　　　闫伦江　王　震　曾　萍　李俊军　张　镇　王雪松
　　　　章卫兵

丛书编写组

主　编：傅诚德

副主编：高瑞祺　章卫兵

成　员：（按姓氏笔画排序）
　　　　马新福　王长会　方　可　丛者峰　吕焕通　刘明明
　　　　闫建文　李　中　李　欣　张贺恩　陈朋超　武宏亮
　　　　周英操　庞奇伟　孟祥海　胡才仲　娄舒洁　崔玉波
　　　　葛稚新　谢水祥　潘玉全

本书编写组

组　长：胡　杰

副组长：胡才仲　张华强　张　瑞　吴文静

成　员：（按姓氏笔画排序）

王　华	王文燕	王立娟	王军锋	王登飞	王勤芳
石行波	付凯妹	代跃利	宁翠娟	朱　晶	任　悦
任　鹤	刘世扬	刘金成	刘莉莉	安彦杰	孙恩浩
孙彬彬	李　瑞	李广全	李伟天	李旭晖	李振业
杨　琦	杨国兴	杨海龙	吴文静	邸林婷	宋赛楠
张文成	张冬霞	张永军	陈商涛	孟令坤	赵兴龙
赵志超	秦晨元	高宇新	高克京	郭　峰	唐　婧
涂晓燕	黄安平	黄溪岱	康文倩	彭　伟	葛腾杰
程鹏飞					

序（第二版）

石油和天然气作为世界主要能源和优质化工原料，是当今社会经济发展中最重要的生产力要素之一。目前，世界能源消费结构份额中，石油占比最大，石油与天然气占比合计超过一半。一个国家对石油和天然气的拥有量和占有量已成为其综合国力的重要标志。半个世纪前，美国前国务卿基辛格博士曾说，谁控制了石油，谁就控制了所有国家。石油的供需状况不仅在相当大的程度上直接影响一个国家的经济稳定和战略安全，而且往往成为影响一个地区乃至全球政治经济秩序的重要因素。

当前，以可再生能源+能源互联网为核心的第三次工业革命正在快速推进，大力发展可再生能源已成为全球能源革命和应对全球气候变化的普遍共识。在国家"碳达峰、碳中和"目标背景下，石油工业面临能源结构调整的巨大压力，也迎来了推进绿色低碳转型和能源科技创新的时代机遇。据多家权威机构预测，石油和天然气仍然是人类近50~100年的主导能源，世界各国继续把发展石油和天然气，保持和增加对其拥有量和占有量作为重大战略问题。科学技术越发成为保障国家能源安全，提升石油行业竞争力的重要手段。

科技创新、科学普及是实现创新发展的两翼。许多伟大的科学家和创新者都是通过科学普及这扇大门进入神秘的科学世界。为了让国内外更多读者了解石油、走进石油，2006年由中国石油学会科普教育委员会和石油工业出版社共同组织出版了《走进石油》科普丛书。丛书由傅诚德教授主编，侯祥麟、田在艺两位院士作序，出版后受到我国石油科技界和社会大众的广泛支持和欢迎。

近年来，世界石油科技突飞猛进，新能源产业也在蓬勃发展，新理论、新方法、新工艺层出不穷，大数据、云计算、人工智能等新技术与石油工业的融合日趋紧密，因此亟待向业内和社会大众推广和普及。《走进石油》（第二版）在第一版10个分册的基础上扩充到15个分册，条目由600多条增加到1200多条，涵盖了石油石化行业完整的知识链，内容新颖，图文并茂，是一套兼具科学性、通俗性和趣味性的科普丛书。读者看到的不仅仅是一个又一个知识闪光点，还将回眸石油科技创新和发展的非凡历程，感受科技工作者创新创造的科学家精神，触摸石油工业无比璀璨的未来。

在此，谨对《走进石油》（第二版）的出版表示热烈祝贺。我相信，随着这套丛书的出版发行，一定会有更多的读者以此为阶梯，迈向石油科学技术的高峰。

张玉卓

时任中国科协党组书记、分管日常工作副主席、书记处第一书记
现任国务院国有资产监督管理委员会党委书记、主任
中国工程院院士

编者的话

石油，顾名思义，就是石头里产出来的油。和煤、铁、铜、金等矿藏一样，石油也是一种产于地壳中的宝贵矿藏，但它以一种流体形态赋存于地下。世界上第一个提出"石油"这一科学命名的人是中国北宋科学家、曾任陕西延安府太守的沈括（1031—1095）。在他所著的《梦溪笔谈》中记载："鄜、延（即鄜、延二州，今陕西延安一带）境内有石油，旧说'高奴县出脂水'，即此也。"他还曾预言"此物后必大行于世，自余始为之"。而在国外，直至1556年才由德国人乔治·拜耳提出石油（Petroleum）一词，Petro指岩石，Oleum指油脂，二者合在一起即石油。中国沈括命名石油比西方国家早了约500年。

无论是作为燃料，还是以它为原料制成的各种产品，石油已经渗透到人类社会的各个领域。汽车、飞机和轮船使用的汽油、航空煤油、柴油等动力燃料由石油炼制而来，人们日常生活中离不开的塑料、橡胶制品和绚丽多彩的服装鞋帽等，都与石油息息相关。因此，石油有了"工业的血液""黑色的金子"等美誉。石油如此珍贵，不仅在改变着人们的生活，也让世界上有些国家为争夺石油资源而上演一场场惊心动魄的地缘争斗。据统计，20世纪后半叶发生的地区冲突大多与石油有关。

石油工业的发展和石油科学技术的进步，不仅对国家能源安全、国民经济建设和国防现代化具有重要意义，而且与全面建设小康社会以及人们的衣、食、住、行紧密相关。为了让广大读者一探石油工业的究竟，更深入地理解石油与我们生活的关系，促进石油科技知识的传播，中国石油学会科普教育委员会和石油工业出版社于2006年共同组织出版了石油科普系列丛书《走进石油》(第一版)，丛书由傅诚德教授主编，石油行业内100多位知名专家参与编写，包括《石油地质》《石油地球物理勘探》《石油地球物理测井》《石油钻井》《石油开发》《石油开采》《石油储存与运输》《石油炼制与化工》《石油经济》《石油环境保护》10个分册。中国科学院与中国工程院两院院士、中国石油学会名誉理事长、原石油工业部副部长侯祥麟先生和中国科学院院士、中国石油学会第一届科普教育委员会主任田在艺先生多次指导并为丛书作序。《走进石油》(第一版)自2006年出版以来，受到社会各界读者的广泛好评，2009年作为主要书目入选由中宣部、中央文明办、新闻出版总署主办的"全民阅读"优秀项目——中国石油"千万图书送基层，百万员工品书香"活动。丛书重印5次，累计发行7.6万余套，合计76万余册，多年来一直是中国石油远程培训的重要教材之一。

《走进石油》(第一版)出版至今已有将近20年时间。近20年来，石油科技迅速发展，计算机、互联网、物联网技术在石油工业得到全面应用，石油勘探、石油开发、炼油化工等专业技术与大数据、人工智能、数字孪生等数字技术深度融合，碳纤维等高分子材料、复合材料更深入地向多领域延伸，氢能、太阳能、核能等新能源技术和"双碳三新"目标的提出正在加速推动石油工业的转型，石油科技正在全面突飞猛进，石油行业的新理论、新技术和新方法层出不穷，因此《走进石油》(第一版)已经难以满足当前石油科技知识普及的需求。为此，2020年傅诚德教授和高瑞祺教授提议对《走进石油》(第一版)进行修订，得到了中国石油科技管理部和石油工业出版社的大力支持和积极响应。

侯祥麟院士在《走进石油》(第一版)序中强调"科学的发展和技术的创新，只有被公众掌握，才能变成巨大的生产力，才能加快科技成果向现实生产力的转化"。为了更好达此目标，使《走进石油》(第二版)内容质量和展现形式更上一层楼，丛书编委会从一开始顶层设计就集思广益，聚贤汇智，由苏义脑、胡文瑞、黄维和、邹才能、徐春明、李宁六位院士和行业权威专家分别担任15个分册的主编，150多位技术专家参与编写，20余家石油石化企业、科研院所、行业学会（协会）鼎力支持。

《走进石油》（第二版）是一套理念先进、体系完整、知识丰富的科普巨制；以1200多个知识点，构成了系统完整的石油石化知识链，并依托丰富的表现形式，为读者拓宽了"走进石油"的路径。一是对知识体系进行合理扩展：将第一版的《石油炼制与化工》分册扩展为《石油炼制》和《石油化工》两个分册，增加《天然气》《海洋石油》《新能源》《智慧石油》4个分册，全景再现了石油工业全产业链的知识景观；二是对技术亮点进行有序重构：准确把脉石油行业主体学科专业新理论、新技术、新工艺、新成果以及发展趋势，突出读者关注度较高、应用效果显著的知识点，让每一分册都能够形成主次分明、重点突出的亮点结构；三是对新兴科技进行科学展望，呈现其广阔的发展前景。

为了使《走进石油》（第二版）在第一版的基础上增强文章的科普性、趣味性，丛书编委会对编写组织和图书表现手法等进行了独特的探索。在第二版中，由技术专家与科普作家深度参与协同创作，实现了内容科学性、通俗性、趣味性的统一；首次使用富媒体技术，实现了视觉空间展现与平面阅读方式的融合；首次面向全社会征集"油博士"卡通形象，让"油博士"引领读者走进石油，实现了各分册知识板块的有机结合；首次采用系列自创插图，使读者通过插图扫除文字理解障碍，引领阅读进入"读图时代"。

《走进石油》（第二版）的出版，不仅是向社会推出的一套传播石油知识的图书，更是一项提高全民科学素质的文化工程，其意义将随着时间的推移愈显重要。特别指出的是，为了这项文化工程的如期完工，编写队伍付出了巨大的努力。在三年多的创作时间里，适逢百年不遇的新冠肺炎疫情肆虐，编写组成员克服各种困难完成了撰写任务。

在本套丛书的编写出版中，中国石油科技管理部领导给予了重要指导和支持，中国科协、中国石油学会、中国化工学会、中国石油科协、中国石油大学（北京）、中国石油大学（华东）、长江大学、西南石油大学、东北石油大学、西安石油大学、中国石油勘探开发研究院、中国石油深圳新能源研究院、中国石油石油化工研究院、中国石油工程技术研究院、中国石油安全环保技术研究院、中国石油东方地球物理勘探有限责任公司、中国石油海洋工程有限公司、中国石油数字和信息化管理部、中国海油能源经济研究院、国家管网集团科学技术研究总院、昆仑数智科技有限责任公司等企业单位、科研院所、学会（协会）和高等院校提供了大力支持，在此表示由衷感谢！石油工业出版社对本套丛书的编写出版非常重视，专门配备了最强编辑力量配合作者和丛书编写组完成稿件编写和审核，向石油工业出版社提供的支持表示感谢！最后，向在本套丛书策划、编写、审稿和出版过程中提供创意、建议和意见的专家表示感谢，也向每一位不计得失、笔耕不辍的作者表示诚挚的谢意！

　　社会希望了解石油，石油工业的发展需要社会的支持。希望我们精心组织编写的石油科普系列丛书——《走进石油》（第二版）能为广大读者了解石油工业提供帮助，更能为我国石油工业的发展贡献一份力量！

分册前言

什么是石油化工？从吃饭到穿衣、出行和家居，人们的生活都离不开石油化工产品，世界没有石油化工将会怎样？石油是现代生活的基础，石油化工产品与人们的生活息息相关。石油化工作为一个综合性学科，涵盖了能源、化学工程、材料科学等多个领域，对经济的发展和社会的进步有着深远的影响。本书力求通过深入浅出的方式，系统介绍石油化工的相关知识，帮助读者了解石油化工的发展历程，理解石油化工的基本原理和实践应用。我们相信，通过创新技术和持续发展的努力，石油化工行业将能为人类创造更加绿色、可持续的未来。

本书共四篇，由中国石油石油化工研究院副院长胡杰教授及胡才仲、张华强、张瑞等主持编写，胡杰、胡才仲牵头制定了编写提纲。张永军等编写了第一篇，陈商涛、李广全、张瑞、黄安平、高克京、付凯妹等编写了第二篇，张华强、赵志超、李旭晖、李伟天、黄溪岱、朱晶、王勤芳、杨海龙、孟令坤等编写了第三篇，中国合成纤维协会吴文静等编写了第四篇。

中国石油石油化工研究院龚光碧教授、荔栓红教授、王红秋教授、高宇新教授，科技日报社陈丹编辑等多位专家、学者对全书进行了审阅并提出了很好的建议，中国寰球工程有限公司张来勇教授、中国石油石油化工研究院吴林美教授对全书进行了专业审核把关。胡杰、胡才仲对全书进行了统稿和最终定稿。任翀、郑清心绘制了部分插画。摄图网提供了部分图片。

编写过程中，中国石油石油化工研究院、中国石油兰州石化公司、中国石油大庆石化公司、中国石油独山子石化公司等单位的技术专家在视频、图片获取等方面给予了大力支持，在此一并表示感谢。感谢中国石油科技管理部和所有给予帮助与支持的同志。

向《走进石油·石油与衣食住行：石油炼制与化工》第一版作者梁文杰等老一辈石油化工学者和行业专家致以崇高的敬意，向《走进石油》（第二版）丛书编委会的全体专家致以崇高敬意，特别向傅诚德教授、高瑞祺教授的精细策划和悉心指导表示衷心感谢。

由于编著者都是长期致力于石油化工技术开发的专业技术人员和管理人员，且首次编著科普读物，限于编著者能力水平，书中难免有不足之处，敬请广大读者谅解并多提宝贵意见。

目录 Contents

一 "黑科技"的可用之"材"——百变有机化工原料 / 001

基本有机化工原料主要包括"三烯"(乙烯、丙烯、丁二烯)和"三苯"(苯、甲苯、二甲苯),其生产规模大、产量大、消费量大,是生产合成树脂、合成橡胶、合成纤维等聚合物的基础原料。

1.1 世界没有石油化工将会怎样? /002

1.2 石油化工发展简史 /004

1.3 改变人类生活的三大合成材料 /008

1.4 现代石油化工的基石
　　——乙烯工业 /011

1.5 最简单而又不简单的烯烃——乙烯 /015

1.6 全能的丙烯 /017

1.7 第二次世界大战与丁二烯 /020

1.8 由梦而生的芳香烃——苯 /024

1.9 甲苯到合成纤维都经历了什么? /026

1.10 带你全面认识二甲苯 /028

二 遍及生活的多面手——合成树脂 / 031

合成树脂是分子量未加限定,但往往是高分子量的固体、半固体或假(准)固体的有机物质,受应力时有流动倾向,常具有软化或熔融范围并在破裂时呈贝壳状。合成树脂是生产、生活及国防建设的基础材料,在农业、建筑、汽车、食品、医疗、电气和电子等多个领域中占据重要地位。

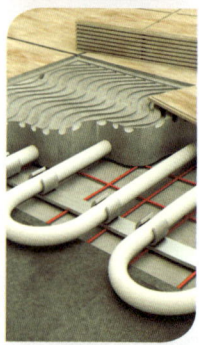

2.1　丰富多彩的合成树脂　/032

2.2　聚乙烯和聚丙烯是怎么分类的？　/033

2.3　合成树脂如何变成制品？　/036

2.4　保鲜膜是怎么保鲜的？　/041

2.5　牛奶包装瓶可以加热吗？　/042

2.6　大棚膜下种蔬菜　/046

2.7　汽车油箱也可以用塑料代替吗？　/048

2.8　可以使用50年的地暖管　/051

2.9　水马不是马　/054

2.10　防弹衣是什么材料制成的？　/055

2.11　带你了解钓鱼线　/058

2.12　为什么燃气管道用塑料管材代替传统金属管材？　/062

2.13　神奇的人工关节材料　/064

2.14　四季常青的人造草坪　/066

2.15　医用防护服　/069

2.16　口罩替我挡病毒　/072

2.17　一次性医用注射器和输液袋　/075

2.18　可以用微波炉加热的塑料饭盒有哪些？　/077

2.19　你知道日用小家电外壳材料是什么吗？　/080

2.20　不沾油的洗碗布　/081

2.21　净水有真"芯"——净水器滤芯　/083

2.22　为什么选择塑料制作汽车保险杠？　/086

2.23　汽车座椅材料——聚氨酯　/088

2.24　汽车灯罩是什么材料制成的？　/091

2.25　5G天线罩中的高科技　/092

2.26　轻便实用的聚丙烯泡沫箱　/ 095

2.27　透明桌牌的秘密　/ 097

2.28　高强度的有机玻璃　/ 098

2.29　3D 打印树脂有哪些？　/ 101

2.30　"白色污染"与微塑料是怎么回事？　/ 102

三　功能强大的弹性体材料——合成橡胶　/ 107

合成橡胶是由单体经聚合得到的橡胶。合成橡胶在国民经济和社会发展中占有极其重要的地位，是国家重要战略物资之一，中国已成为合成橡胶生产大国，正向合成橡胶强国迈进。

3.1　丰富多彩的橡胶世界　/ 108

3.2　来源于大自然的橡胶　/ 110

3.3　合成橡胶是怎样诞生的？　/ 114

3.4　合成橡胶的发展缘何后来居上？　/ 116

3.5　合成橡胶的发展历程　/ 117

3.6　轮胎制造离不开它——丁苯橡胶　/ 119

3.7　在航空工业及国防工业中备受青睐的丁腈橡胶　/ 122

3.8　天然橡胶的最佳替代者——异戊橡胶　/ 124

3.9　最具弹性的通用橡胶——顺丁橡胶　/ 126

3.10　可作为轮胎理想胎面材料的集成橡胶　/ 127

3.11　合成树脂的"近邻"——乙丙橡胶　/ 129

3.12　在食品及医疗工业中大显身手的硅橡胶　/ 131

3.13　橡胶材料中的多面手——氟橡胶　/ 133

3.14　运动场上不可或缺的聚氨酯橡胶　/ 135

3.15　橡胶与塑料的混血儿
　　　——热塑性弹性体　/ 136

3.16　神奇的可流动液体橡胶　/ 138

3.17　合成橡胶胶乳与人们的生活同在　/ 140

3.18　什么是橡胶的硫化？　/ 142

3.19　改性技术为橡胶助力赋能　/ 144

3.20　橡胶也有寿命吗？　/ 146

3.21　轮胎为什么是黑色的？　/ 148

3.22　"绿色轮胎"是指颜色是
　　　绿色的轮胎吗？　/ 150

3.23　废旧轮胎带来的"黑色污染"该怎么
　　　处理？　/ 151

四　从纺织业到航天军工的"宠儿"——合成纤维　/ 155

合成纤维是化学纤维的一大类，是利用石油、天然气、煤及农副产品等为原料，经一系列合成反应制成单体分子，再经聚合反应制成高分子化合物，最后加工纺制的纤维。合成纤维品种繁多，常见的品种有涤纶、氨纶、丙纶、维纶等。合成纤维具有防腐、防蛀、防霉变、强力高、耐热、弹性良好、耐磨、耐多次变形和保暖等特性，经改性的新型合成纤维可具有阻燃、抗静电、防污、透湿等功能。

4.1　一张表了解纺织纤维家庭成员　/ 156

4.2　我国合成纤维工业的跨越式发展　/ 159

4.3　您身边无处不在的合成纤维　/ 163

4.4　消费者如何鉴别衣物中的纤维成分？　/ 168

4.5　涤纶（PET 纤维）的两个"亲戚"
　　——PBT 纤维和 PTT 纤维　/ 172

4.6　"莱卡"与氨纶到底是什么关系？　/ 175

4.7　合成羊毛制成的皮草服装
　　照样雍容华贵　/ 176

4.8　从钓鱼竿到航空器都要用的神奇纤维　/ 179

4.9　芳纶的两大神通——阻燃和防弹　/ 183

4.10　吊起 6000 吨港珠澳大桥接头的
　　　高性能纤维缆绳是什么"黑科技"？　/ 187

4.11　颜色和价值都名副其实的"黄金丝"
　　　——聚酰亚胺纤维　/ 191

4.12　合成纤维如何满足我们生活中一些特殊
　　　需求？　/ 193

4.13　能感知外界环境的智能纤维　/ 196

4.14　合成纤维的循环再利用　/ 199

4.15　为什么色彩绚丽的服装
　　　可能没有经过印染厂？　/ 202

参考文献 / 205

一 "黑科技"的可用之"材"
——百变有机化工原料

基本有机化工原料主要包括"三烯"(乙烯、丙烯、丁二烯)和"三苯"(苯、甲苯、二甲苯),其生产规模大、产量大、消费量大,是生产合成树脂、合成橡胶、合成纤维等聚合物的基础原料。

1.1 世界没有石油化工将会怎样?

石油化工全称石油化学工业,是化学工业的重要组成部分,它为农业、能源、交通、机械、电子、纺织、轻工、建筑、建材等工农业和人们日常生活提供配套服务,在国民经济中占有举足轻重的地位。石油化工以石油为原料,首先制得基本化工原料,再进一步加工生产更为复杂的石油化工产品。石油化工产品既包括以乙烯、丙烯、丁二烯、苯、甲苯和二甲苯为代表的基本化工原料,也包括由基本化工原料进一步生产的 200 多种有机化工原料及合成材料(塑料、纤维、橡胶)。

石油化工生产线长、涉及面广、产品多、影响大,从最初的原油到化工原料再到化工产品,经过了众多生产和加工流程(图 1.1)。

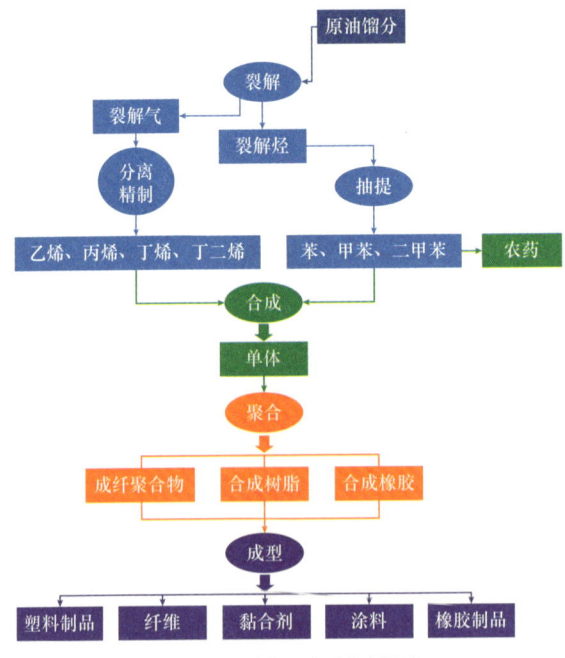

图 1.1 石油化工产品生产流程

石油化工产品与人们的生活密切相关,大到太空飞船、天上的飞机、海上的轮船、陆地上的火车和汽车,小到人们日常使用的电脑、办公桌、牙

一 "黑科技"的可用之"材"——百变有机化工原料

刷、毛巾、食品包装容器、多姿多彩的服饰、各式各样的建材与装潢用品、变化多端的游乐器具等，都离不开石油化工产品。可以说，人们日常生活中的衣、食、住、行样样都离不开石油化工产品。

（1）在"衣"方面，人们穿衣不再仅限于保暖了，更多的是用来美化生活，提高个人自信。石油化工产品对人类"衣"着方面的影响主要是纤维衣料与人造革带来的衣料革命。

纤维衣料。自1959年我国开始发展合成纤维工业以来，能加工制成各类价廉物美的腈纶、涤纶、维纶和尼龙等合成纤维衣料，解决了人们的穿衣问题。一座占地仅约4000平方米的合成纤维厂便可年产纤维90000吨，而要想达到同样效果，需要种植1600平方千米土地的棉花，或需40000平方千米草地放养羊。

人造革。天然皮革因受资源、动物保护和加工工艺的限制，使用成本高。人造革是最早发明的皮质面料的代用品，它是用聚氯乙烯（PVC）、增塑剂和其他助剂压延复合在布上制成，具有价格便宜、色彩丰富和花纹繁多等优点。聚氨酯（PU）人造革和复合人造革是新一代的人造革产品，更接近皮质面料。PU人造革适宜制作皮鞋、提包、夹克和沙发坐垫等。

（2）在"食"方面，常言道：民以食为天，食是人类生存的最基本需求。石油化工提高了农产品的生产效率。由于化学肥料及农业化学品的施用提高了粮食产量，农民的食物生产能力至少增加了四成。此外，日常生活中所用的保鲜膜以及各种各样的食品包装盒都是合成树脂加工制成的，这些食品保鲜包装材料延长了食品的保质期，使人们的生活更加方便、丰富。

（3）在"住"方面，住房对现代人而言不再只是挡风避雨的住所了，人们对"住"不仅要求美观耐用，还要求防火防噪。建筑业是仅次于包装业的最大塑胶用户，如塑胶地砖、地毯、塑料管、墙板和油漆等都是石油化工产品，环保的木塑、铝塑等复合材料已大量取代木材和金属。除房屋建材外，家具及家居用品更是石油化工产品的天下。

（4）在"行"方面，行万里路在当今已不再是什么难事，汽车、火车、轮船和飞机等现代交通工具给人们的出行带来便利和享受,这些交通工具中采用了大量的石油化工产品。塑料、橡胶、涂料及黏合剂等石油化工产品已广泛用于交通工具领域,降低了制造成本,提高了使用性能。一部汽车的塑料件占其总质量的 7%~20%,汽车的自重每减少 10%,燃油的消耗可降低 6%~8%。

石油化工为人类提供了各种生活用品,已融入人类日常生活的方方面面,使人们得以享受丰衣足食、舒适方便的高水准生活。可以说,没有石油化工,这个世界会怎样简直无法想象!

1.2 石油化工发展简史

石油是气态、液态、固态的烃类及少量非烃类的混合物,它是由动植物在缓慢沉降区沉积演化而成的,是一种具有悠久历史的矿物。中国是世界上最早发现和使用石油的国家之一,北宋李昉等编撰的《太平广记》是迄今为止发现的最早记载"石油"这一名词的历史文献。我国宋代的沈括在其所著的《梦溪笔谈》一书中再次使用了"石油"这个叫法,并对石油的产地、性状和用途都进行了详细的研究,书中"此物后必大行于世"一句,更是成功预测了千年后石油的作用和影响(图 1.2)。

图 1.2 我国古代采油井(摘自《油气简史》)

现代石油工业诞生于 19 世纪中叶。1859 年,美国人德雷克在宾夕法尼亚州钻成第一口具有现代工业意义的油井,拉开了近代石油工业的序幕(图 1.3)。此后约 60 年间,石油产量增长到约 1 亿吨,形成了以灯用煤油为主导产品、以蒸汽机带动的冲击钻机为主要开采工具、以螺栓连接铁管的管道为主要运输方式、以蒸馏法为主要冶炼工艺的石油工业体系。第二次世界大战结束以后，石油工业进入飞速发展的"黄金时代"，35 年间原油产量增长近 8 倍。伊朗、科威特、伊拉克和沙特阿拉伯的石油产量飞速增长，中东成为世界能源中心之一。

石油化工兴起于 20 世纪 20 年代的美国。当时由于钢铁冶炼技术的进步，全世界焦炭的需求量相对下降，传统以煤为原料的炼焦工业提供的芳香烃满足不了有机化工发展的需要。为解决有机化工对芳香烃等原料需求的问题，人们开始将目光投向与石油炼制技术有关的研究上。炼制石油除可得到汽油、煤油等燃料外，还会产生越来越多的炼厂气，这其中含有大量的不饱和烃、环烃和芳香烃等具有重要利用价值的化工原料，这一优势使得化学工业逐步从煤炭化工转向石油化工。石油化工的发展大致可以分为以下五个时期。

图 1.3　德雷克的油井（摘自《油气简史》）

初创时期

1917 年，美国人 C. 埃利斯利用炼厂气中的丙烯成功合成出异丙醇，这是第一种石油化学品，标志着石油化工的开端。1919 年，联合碳化物公司研究了乙烷、丙烷裂解制乙烯的方法，随后林德空气产品公司成功实现了从裂解气中分离乙烯。随后的 20 年内，人们利用乙烯、丙烯等烯烃生产出众多的石油化工产品，包括异丙醇、环氧乙烷等。时间来到 1940 年，杜邦公司成功将石油化工产品"尼龙"投入市场（图 1.4），这些新产品的应用进一步促进了石油化工产业的发展。

图 1.4 五颜六色的尼龙材料

战时推动时期

1939年爆发的第二次世界大战对全人类来说是一场空前的浩劫！战争虽然给全世界带来了不可磨灭的创伤，但也在很大程度上促进了石油化工的发展。在这一时期，以合成橡胶为代表的高分子合成材料取得了巨大发展，一系列石油化工新技术的提出，使有机化学品的来源更为广泛。到20世纪50年代，重要的有机化工产品已超过100种，石油化工产品占据了其中的60%。

蓬勃发展时期

20世纪50—70年代，随着世界经济的恢复，石油化工越来越受到更多人的关注，合成橡胶、合成树脂和合成纤维等高分子材料迅速发展。随着技术的不断更迭，一系列诸如聚乙烯、聚酯纤维等新材料得以实现工业生产。新材料的成功研发和应用同时又促进了对原料的需求。以乙烯为例，为了获得更多的乙烯，各式各样的管式裂解炉及裂解气分离工艺被提出。通过这些技术的提升和应用，石油化工得到了快速发展。

观念转变时期

20 世纪 70 年代起，由于国际石油价格的波动，世界各国均采取措施加大对石油化工副产品的综合利用研究，开发精细化学品，以应对因原料价格骤升造成的石油化工产品生产成本增加的问题。同时，随着环境问题受到越来越多人的关注，如何实现石油化工绿色环保生产逐步成为这一领域的研究热点。

新阶段

目前，石油化工正朝着大型化、一体化、智能化和清洁化等方向发展（图 1.5）。石油化工的智能化生产技术是生产企业不断吸收机械、电气、电子、信息、能源及现代系统管理等领域的成果，实现石油化工优质、高效、低耗和清洁生产，并提高石油化工对市场动态多变的适应能力和竞争能力。

> **小贴士**
>
> **电石**：学名为碳化钙，一种白色晶体，遇水立即发生激烈反应，生成乙炔。
>
> **异丙醇**：俗称火酒，常温常压下是一种无色有强烈气味的可燃液体。
>
> **聚酯纤维**：俗称"涤纶"，是由有机二元酸和二元醇缩聚而成的聚酯经纺丝所得的合成纤维。

图 1.5　面向未来的石油化工智能化生产技术

1.3 改变人类生活的三大合成材料

当你来到运动场，驰骋在塑胶跑道上环顾四周的座椅时，你是否注意到这是合成的塑料呢？当你看到公路上飞驰的汽车时，你能想到一辆普通乘用车有 400～500 个橡胶件吗？当你走进服装商场，流连于五颜六色的布匹和衣服，你是否知道这是合成纤维的功劳，是它把这个世界装扮得更加丰富多彩……下面将带领大家了解一下改变人类生活的三大合成材料。

三大合成材料是指合成树脂、合成橡胶和合成纤维。它们是分子量在 10000 以上的高分子聚合物。天然高聚物有淀粉、纤维素、天然橡胶和蛋白质等，而三大合成材料则是人们通过加聚反应、缩聚反应及缩合反应而制成的高分子化合物，经过多种添加剂改性，再经加工成型，生产出生活中随处可见的产品。三大合成材料因其化学稳定性好、不会锈蚀、耐冲击、耐磨耗、绝缘性好和导热性低等优点，正越来越多地取代金属，成为现代社会中的重要材料。

合成树脂

树脂这一名词最初是因动植物分泌出的脂质而得名，如松香、虫胶和琥珀等。由乙烯、丙烯等单体经聚合反应制得合成树脂，再加入填料、增塑剂、稳定剂、润滑剂和色料等添加剂即得到塑料。根据用途不同，塑料中树脂占塑料总质量的 40%～100%。有些塑料不含或少含添加剂，如有机玻璃、聚苯乙烯等。塑料的基本性能主要取决于树脂的本性，但添加剂也起着重要的修饰作用。

塑料的性能优异、种类繁多、用途广泛，按照应用范围及性能特点，塑料可分为通用塑料、工程塑料和特种塑料三种类型（图 1.6）。通用塑料一般是指产量大、用途广、成型性好和价格便宜的塑料，主要包括聚乙烯（PE）、聚丙烯（PP）、聚氯乙烯（PVC）和聚苯乙烯（PS）等。通用塑料已广泛应用于农业、轻工业及包装等行业，生活中常见的食品塑料袋便是用聚乙烯（PE）生产的。工程塑料一般是指能承受一定外力作用，具有良好的力学性能和尺寸稳定性，在高温、低温下仍能保持其优良性能，可以用作工程结构的塑料，如聚甲醛、聚酰胺、聚砜等，广泛应用于电子电气、汽车、建筑、办公设备、机械和航空航天等行业。特种塑料一般指具有特种功能、应用于特殊要求的塑料，如氟塑料和有机硅具有突出的耐高温、自润滑等特殊性能，增强塑料和泡沫塑料具有高强度、高缓冲性等特殊性能，可用于航空航天等特殊应用领域。

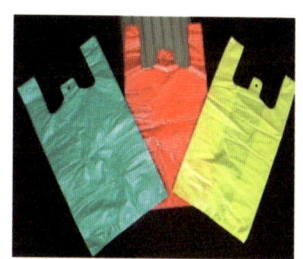

图1.6　生活中常见的塑料

合成橡胶

合成橡胶又称合成弹性体，是人工合成的高弹性聚合物，其产量是三大合成材料中最低的（图1.7）。与天然橡胶相比，合成橡胶材料具有优良的耐热性、耐寒性和防腐蚀性，且受环境因素影响小，可在 $-60 \sim 250℃$ 之间正常使用。合成橡胶的种类很多，如制造轮胎使用的丁苯橡胶（苯乙烯和丁二烯的共聚物）或乙丙橡胶（EPR）；用于汽车配件的有氯丁橡胶及另一种具有天然橡胶各种性能的异戊橡胶。一个轮胎并不是只由一种橡胶做成的，轮胎的底面用非常耐磨的丁苯橡胶制成；而与空气接触的内胎用丁基橡胶制成，它具有很好的绝缘性，且具有高度不透气性。现在，橡胶制品如丁苯橡胶、顺丁橡胶、乙丙橡胶及丁腈橡胶等，被广泛用于车辆、包装、医药、家用电器、运动产品及改性塑料制品领域，为人们打造更舒适的生活。

图1.7 丰富多彩的合成橡胶

合成纤维

合成纤维是把人工合成的、具有适宜分子量并具有可溶（或可熔）性的线型聚合物，经纺丝成型和后处理而制得的化学纤维（图1.8）。通常把这类具有成纤性能的聚合物称为成纤聚合物。与天然纤维和人造纤维相比，合成纤维的原料由人工合成方法制得，生产不受自然条件的限制。合成纤维除具有化学纤维的一般优越性能，如强度高、质轻、易洗快干、弹性好和不怕霉蛀等之外，不同品种的合成纤维还具有某些独特性能。常用的合成纤维有涤纶、尼龙、腈纶、氯纶、维纶、氨纶、聚烯烃弹力丝等。1931年，尼龙问世并为人们所用，与天然纤维相比，尼龙更不易着火，强韧有弹性，可制成降落伞、渔网、钓鱼线、衣料和牙刷的刷毛等；氨纶俗称莱卡，是一种弹力纤维，具有很强的弹性，伸展度可达600%，且能恢复原样。与橡胶相比，氨纶强度更大、更透气、更耐磨，它一经面世，就对服装行业带来很大的影响。此外，新冠肺炎疫情期间，人们所佩戴的口罩中重要组成材料——熔喷布也是纤维的一种，其纤维直径为1～5微米。熔喷布的空隙多、结构蓬松、抗褶皱能力好，拥有独特毛细结构的超细纤维可以增加单位面积上纤维的数量和表面积，这些特点使熔喷布具有很好的过滤性、屏蔽性、绝热性和吸油性，可用于空气和液体过滤材料、隔离材料、吸纳材料、口罩材料、保暖材料、吸油材料及擦拭布等领域。

三大合成材料深刻地影响着人类的生产生活方式，它们不断创新和发展，大大丰富了人类物质生活，同时带来巨大的利益和效益，使人类对皮革、木材、棉花和丝绸等自然材料的依赖性大大降低。目前，三大合成材料已与钢铁、木材、水泥一起构成现代社会中的四大基础材料，是人类生存和发展离不开的消费资料。相信随着科技的发展，三大合成材料一定会给人们带来更多惊喜！

图1.8 多种多样的合成纤维

1.4 现代石油化工的基石——乙烯工业

大家好，做个自我介绍，我叫"乙烯"，听着名字怪怪的啊！我还有个英文名字叫"Ethylene"。我是由两个碳原子和四个氢原子组成的化合物，两个碳原子"双手"互相牵着。不要小瞧牵着的两只"手臂"，它可大有文章呢！它的学名叫"碳碳双键"，很多神奇的化学反应就是在这上面发生的。为了书写方便，我还有化学式 C_2H_4。通常情况下，我是一种无色、稍有气味的气体，密度为 1.178 千克/米^3，比空气的密度略小。我难溶于水，易溶于四氯化碳等有机溶剂。

卡曾斯第一个发现植物材料能产生一种气体，将橘子与香蕉混装在一起，他发现香蕉能被橘子产生的气体催熟；19 世纪，德国人发现泄漏的煤气管道旁的树叶容易脱落；我国古代人民也发现，可以将果实放在燃烧蜡烛的房间里以促进成熟。哈哈，其实这背后都是我捣的鬼。科学家甘恩 1934 年通过实验，才首先证明植物组织确实能产生我。伴随着分析技术的

图 1.9 农业用到的乙烯催熟剂

不断进步，通过生物化学和生理学等开展深入研究，更加深了对我的认识（图 1.9）。

讲到这里，大家可能对我有误解，以为我只能用作水果和蔬菜的催熟剂，其实我还有更重要的用途呢！我是三大合成材料的基本原料，也可用于制造乙醇、氯乙烯、苯乙烯、环氧乙烷、醋酸、乙醛和炸药等。既然知道了我有这么多厉害的地方，那么我又是如何被制造出来的呢？在这里容我隆重地介绍制造出我的产业——乙烯工业。

乙烯工业视频

制造出我的方法有很多种，例如烃类蒸汽裂解工艺、甲醇制烯烃工艺和石脑油催化裂解工艺等，这些工艺共同组成了人们现在所熟知的乙烯工业。在这里，我主要介绍下烃类蒸汽裂解工艺。在这个工艺里，我诞生在一个名叫烃类蒸汽裂解炉的巨大装置内，这个装置是裂解工艺的核心（图 1.10）。烃类分子在高温作用下发生链断裂反应，在一次次的反应中我得以诞生，当然，我也并不孤单，和我一起诞生的兄弟姐妹还有氢气、甲烷、乙烷、丙烷、丙炔、丙烯、丁烯以及裂解汽油，人们通常将混合在一起的我们称为裂解气（图 1.11）。为了能使裂解气中混合的各组分充分分离，人们首先将我们输送到急冷锅炉中，通过热量交换，使高温状态下的我们降温，进而终止裂解反应的进行。经过降温后，我们会依次输送至急冷油塔、急冷水塔中，通过与急冷油和急冷水接触，使我们快速降温。在这一过程中，裂解汽油首先从我们当中分离出来，裂解汽油中含有丰富的苯、甲苯和二甲苯等芳香烃。人们采用溶剂抽提的方法，将这些产品从裂解汽油中分离出来，这些芳香烃将作为原料进一步生产人们生活所需的合成树脂、合成橡胶、合成纤维、合成洗涤剂，以及染料、有机颜料、医药、香料、农药等化学品。

图 1.10 巨大的蒸汽裂解炉

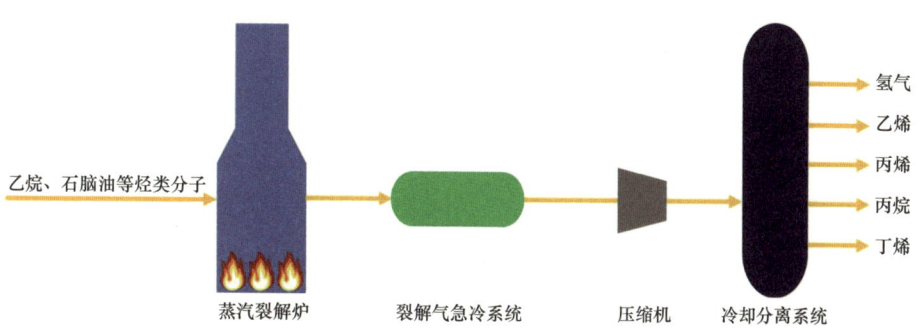

图 1.11 蒸汽裂解主要的工艺流程

与裂解汽油分开后,我们又马不停蹄地前往压缩机系统。通过压缩机系统,混杂在我们当中的酸性气体、水分以及炔烃得以被去除。同时,压缩机系统还从背后推了我们一把,使我们的压力提高,这主要是为了让我们在后续分离过程中能够更好地实现分离。

增压后的我们进入最后的深度冷却分离系统中,这个系统由许多高耸的分离塔组成。我们会依次输送至脱甲烷塔、脱乙烷塔、脱丙烷塔以及脱丁

图1.12　储存乙烯的球罐

烷塔中,在这一过程中,氢气和甲烷在脱甲烷塔中与我们分离。在脱乙烷塔中,我和乙烷组成的混合碳二在这里与剩下的兄弟姐妹们分开。为了进一步使我从混合碳二中分离出来,聪明的人们使用乙烯精馏塔进行分离,分离出来的我将会被储存起来,用于合成聚乙烯、乙丙橡胶等人们生活必需的化学品(图1.12)。

与我分离开的兄弟姐妹们,他们的用途同样也大着呢!首先介绍的是碳原子比我多一个的兄弟——丙烯,他主要通过脱丙烷塔、丙烯精馏塔分离得到,他可以进一步反应得到丙烯酸、丙烯腈等化学品,同时,大家所熟知的聚丙烯(PP)塑料也是由他共聚得到的。其次,还有我的另一个兄弟丁二烯,他主要存在于脱丁烷塔所得到的混合碳四中,人们往往采用抽提法将丁二烯分离出来,分离出来的丁二烯可用于生产丁苯橡胶(SBR)、丙烯腈—丁二烯—苯乙烯(ABS)树脂等产品。看吧,乙烯工业所创造出的我们可以用来制造出许许多多人们生活所需的化学品,因此,人们又将乙烯工业称为"石油化工之母"。

> **小贴士**
>
> **石脑油**:又叫化工轻油、粗汽油,是以原油或其他原料加工生产的主要用于化工原料的轻质油,绝大部分用作生产乙烯的裂解原料。
>
> **炔烃**:含有碳碳三键的碳氢化合物的总称,简单的炔烃化合物有乙炔,丙炔等。其中,乙炔是最重要的一种炔烃,可用于制造乙醛、苯、合成橡胶等化学品。

1.5 最简单而又不简单的烯烃——乙烯

乙烯是石油化工最重要的基础原料之一,其产量和生产水平是一个国家石油化工发展水平的标志。从乙烯出发可以得到一系列产品(图1.13)。接下来以乙烯合成的聚乙烯、乙丙橡胶等高分子材料为例,来聊一聊这些产品的性能。

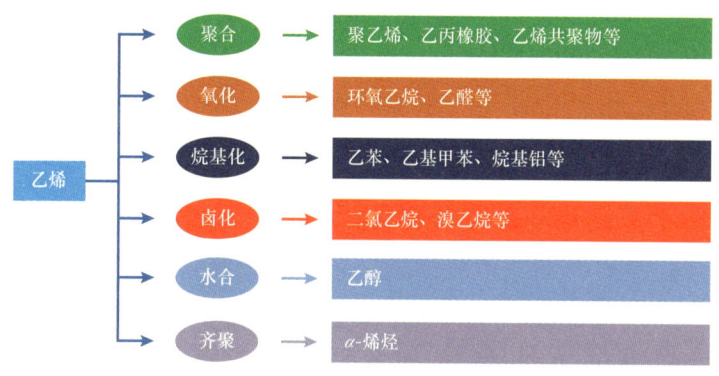

图1.13 乙烯系列产品

▌ 聚乙烯

聚乙烯(Polyethylene,PE)是乙烯经聚合制得的一种热塑性树脂。在工业上,聚乙烯也包括乙烯与少量 α- 烯烃的共聚物。聚乙烯无臭、无毒,手感似蜡,具有优良的耐低温性能(最低使用温度可达零下100℃),化学稳定性好,能耐大多数酸碱的侵蚀(不耐具有氧化性质的酸)。聚乙烯常温下不溶于一般溶剂,吸水性小,电绝缘性优良。

聚乙烯产品发展至今已有60年左右历史,聚乙烯依聚合方法、分子量、链结构的不同,分高密度聚乙烯(HDPE)、低密度聚乙烯(LDPE)及线型低密度聚乙烯(LLDPE)。低密度聚乙烯俗称高压聚乙烯,因密度较低、材质最软,主要用于制作塑料袋、农业用膜等;高密度聚乙烯俗称低压聚乙烯,与低密度聚乙烯及线型低密度聚乙烯相比,有较高的耐温性、耐油性、耐蒸汽渗透性及抗环境应力开裂性。此外,其电绝缘性、抗冲击性及耐寒性能很好，主要应用于吹塑、注塑等领域；线型低密度聚乙烯则是乙烯与少量高碳 α- 烯烃聚合而成的共聚物，外观与低密度聚乙烯相似，透明性较差，表面光泽好，具有低温韧性、高模量、抗弯曲、耐应力开裂和低温下抗冲击强度较佳等优点。线型低密度聚乙烯应用领域几乎已渗透到所有低密度聚乙烯市场。

聚乙烯可用挤出、注射、模塑、吹塑和熔纺等方法成型，广泛应用于工业、农业、包装及日常生活中，聚乙烯颗粒如图1.14所示。薄膜是聚乙烯最大的用户，约消耗低密度聚乙烯的77%、高密度聚乙烯的18%；另外，注塑制品、电线电缆和中空制品等都在聚乙烯的消费结构中占有较大的比例，在塑料工业中占有举足轻重的地位。

图1.14 聚乙烯颗粒

乙丙橡胶

乙丙橡胶（Ethylene Propylene Rubber，EPR）是以乙烯、丙烯为主要单体的合成橡胶，依据分子链中单体组成的不同，有二元乙丙橡胶和三元乙丙橡胶之分，前者为乙烯和丙烯的共聚物，以EPM表示；后者为乙烯、丙烯和少量非共轭二烯烃为第三单体的共聚物，以EPDM表示。由于二元乙丙橡胶分子不含双键，不能用硫黄硫化，因而限制了它的应用。在乙丙橡胶商品牌号中，二元乙丙橡胶只占总数的10%左右。而三元乙丙橡胶可用硫黄硫化，从而获得了广泛的应用，并成为乙丙橡胶的主要品种，在乙丙橡胶商品牌号中占90%左右（图1.15）。乙丙橡胶具有优

图1.15 三元乙丙橡胶板

异的性能：低密度、高填充性、耐老化性、耐腐蚀性、耐水蒸气性能、耐过热水性能、优异的电性能和良好的弹性等。

二元乙丙橡胶和三元乙丙橡胶从 20 世纪 50 年代末、60 年代初开发成功以来，世界上又出现了多种改性乙丙橡胶和热塑性乙丙橡胶（如 EPDM/PP），从而为乙丙橡胶的广泛应用提供了众多的品种和品级。改性乙丙橡胶主要是将乙丙橡胶进行溴化、氯化、磺化、顺酐化、马来酸酐化、有机硅改性和尼龙改性等。乙丙橡胶还可接枝丙烯腈、丙烯酸酯等。多年来，采用共混、共聚、填充、接枝、增强和分子复合等手段，获得了许多综合性能好的高分子材料。乙丙橡胶通过改性，也在性能方面获得很大改善，从而扩大了乙丙橡胶的应用范围。

因乙丙橡胶分子主链为饱和结构而呈现出卓越的耐候性、耐臭氧性、电绝缘性、低压缩永久变形、高强度和高伸长率等宝贵性能，其应用极为广泛，消耗量逐年增加。根据乙丙橡胶的不同系列的分子结构方面的特点，乙丙橡胶应用种类有通用型、混用型、快速硫化型、易加工型和二烯烃橡胶并用型等不同应用类型。从实际应用情况分析，乙丙橡胶在汽车、建筑、电气和电子等行业中得到了广泛应用。

1.6 全能的丙烯

丙烯是一种含有三个碳原子的烯烃，是无色、有烃类气味的气体，微溶于水，溶于乙醇、乙醚。它不仅是三大合成材料的重要原料，还是一种全能的烯烃。丙烯的分子结构如图 1.16 所示。

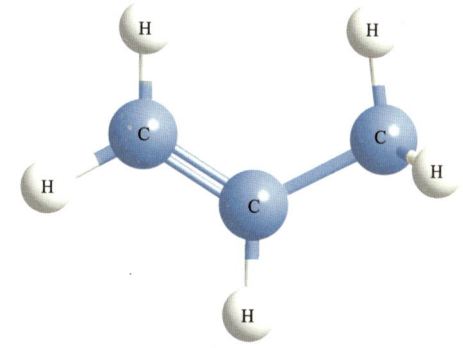

图 1.16　丙烯的分子结构示意图

丙烯是三大合成材料的重要有机化工原料，用量仅次于乙烯。丙烯经羰基合成反应可得到丁辛醇，经环氧化反应可得到环氧丙烷，经聚合反应可得到聚丙烯，经氨氧化反应可得到丙烯腈，经氧化反应可得到丙烯酸，经高温氯化法可得到环氧氯丙烷，经加成反应和取代反应可得到丙醇（图1.17）。

聚丙烯也就是平时常说的 PP 塑料，是一种白色蜡状材料，外观透明而轻，在 80℃以下能耐酸、碱、盐液及多种有机溶剂的腐蚀，能在高温和氧化作用下分解。聚丙烯是一种性能优良的热塑性合成树脂，为无色半透明的热塑性轻质通用塑料，具有耐化学性、耐热性、电绝缘性、高强度力学性能和良好的高耐磨加工性能等，广泛应用于服装和毛毯等纤维制品、医疗器械、汽车、自行车、零件、输送管道、化工容器等生产，也用于食品、药品包装。

通过丙烯直接产品还可以生产合成树脂、合成纤维、合成橡胶及多种精细化学品等，还可用于环保、医学科学和基础研究等领域，可谓用途广泛。

通过上述介绍，了解到利用丙烯可以生产多种有机化工产品，例如合成树脂、增塑剂、医药行业的维生素 E、服装纺织的腈纶、涂料行业的环氧树脂和丙烯酸树脂、橡胶行业的 4020 防老剂、高效广谱杀菌剂对氯间二甲酚、涂料及医药行业的萃取剂异丙醇等，可谓是全能的丙烯。

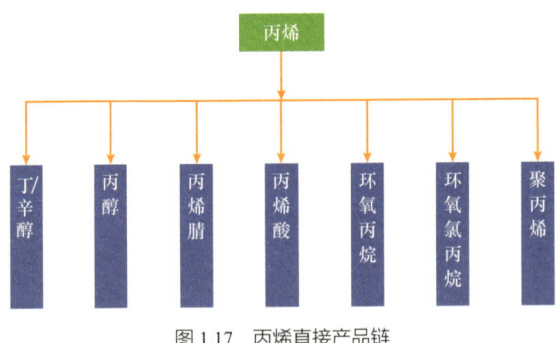

图 1.17　丙烯直接产品链

（1）丙烯通过丁/辛醇路线可以生产合成树脂、维生素 E 和醋酸丁酯等（图 1.18）。

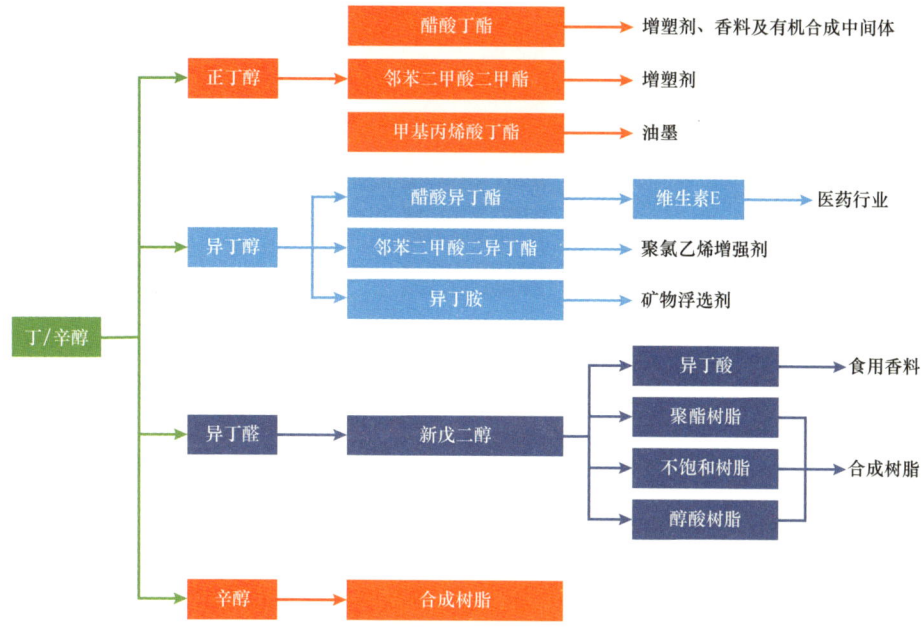

图 1.18　丙烯经丁/辛醇路线产品链

（2）丙烯通过聚合反应可以制得聚丙烯纤维。聚丙烯纤维是混凝土的加强材料，在砂浆、水泥混凝土工程中可以作为一种防裂抗渗的新材料。

（3）丙烯通过环氧丙烷路线可以生产聚醚多元醇和丙二醇（图1.19）。聚醚多元醇可用于聚氨酯行业，丙二醇可以生产不饱和树脂。

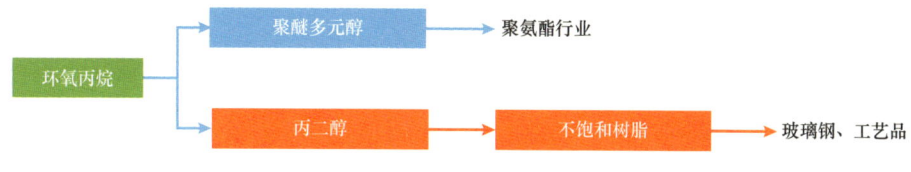

图 1.19　丙烯经环氧丙烷路线产品链

（4）丙烯通过环氧氯丙烷中间体可以生产环氧树脂，用于涂料行业。

（5）丙烯通过丙烯酸中间体可以生产合成树脂及聚丙烯酸。聚丙烯酸是用于空调循环冷却系统中的阻垢分散剂，也可用于高吸水性丙阻 SAP（图 1.20）。

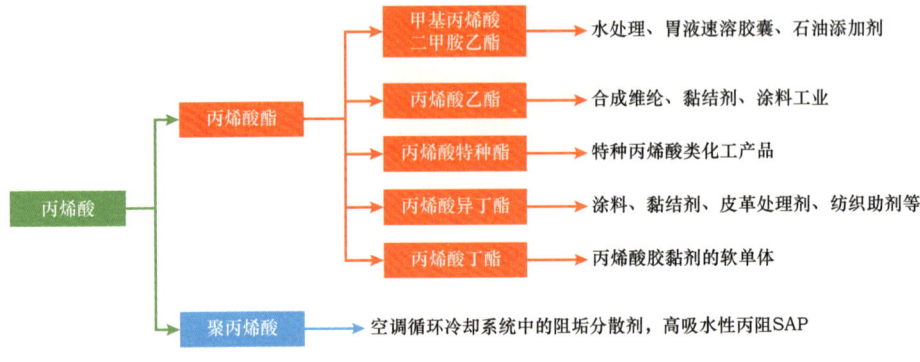

图 1.20　丙烯经丙烯酸路线产品链

（6）丙烯通过丙烯腈中间体可以生产腈纶和聚丙烯酰胺。腈纶是服装纺织业的原料，聚丙烯酰胺可用于石油开采、采矿和水处理。

（7）丙烯通过丙醇路线可以生产高端涂料异佛尔酮二异氰酸酯、高效广谱杀菌剂对氯间二甲酚、有机玻璃聚甲基丙烯酸甲酯、橡胶防老剂 4020 防老剂和用于涂料的多种合成树脂。

看，丙烯的用处可真多，完全可称为全能的丙烯。

1.7　第二次世界大战与丁二烯

20 世纪 20 年代，德国在第一次世界大战时由于橡胶供应被切断，不得已开始用乙炔生产丁二烯，进而生产了合成橡胶。第二次世界大战期间，对天然橡胶的大量需求促使人们寻求合成橡胶的单体——丁二烯的生产途径。当时，除德国采用乙炔法外，美国、苏联等采用乙醇法生产丁二烯。稍后，美国又发展了从石油出发生产丁二烯的技术。到第二次世界大战结束，美国年产丁二烯 55 万吨，其中约 60% 来自石油化工，战后石油化工的发展促进了丁二烯的生产。

什么是橡胶？

橡胶一词来源于印第安语"cau-uchu"，意为"流泪的树"。天然橡胶由三叶橡胶树割胶时流出的胶乳经凝固、干燥后制得（图1.21）。1770年，英国化学家J.普里斯特利发现橡胶可用来擦去铅笔字迹，当时将这种用途的材料称为"rubber"，此词一直沿用至今。

橡胶分为天然橡胶与合成橡胶两种。天然橡胶是从橡胶树、橡胶草等植物中提取胶质后加工制成。合成橡胶则由各种单体经聚合反应而得，广泛应用于生产和生活的各个方面。1900—1910年，化学家C.D.哈里斯（Harris）测定了天然橡胶的结构，发现它是异戊二烯的高聚物，这为人工合成橡胶开辟了途径。1910年，俄国化学家列别捷夫以金属钠为引发剂，使丁二烯聚合成丁钠橡胶。

图1.21 天然橡胶树割胶

丁二烯能做什么橡胶产品？

丁二烯是一种重要的化工原料，主要用于生产丁苯橡胶（SBR）、聚丁二烯橡胶（PBR）、丁腈橡胶（NBR）和丙烯腈—丁二烯—苯乙烯（ABS）树脂等产品。

丁苯橡胶又称聚苯乙烯丁二烯共聚物，其物理结构及性能、加工性能及制品的使用性能接近于天然橡胶，有些性能如耐磨、耐热、耐老化及硫化速度较天然橡胶更为优良，可与天然橡胶及多种合成橡胶并用，广泛用于轮胎、胶带、胶管、电线电缆、医疗器具及各种橡胶制品的生产等领域，是最大的通用合成橡胶品种，也是最早实现工业化生产的橡胶品种之一（图1.22）。

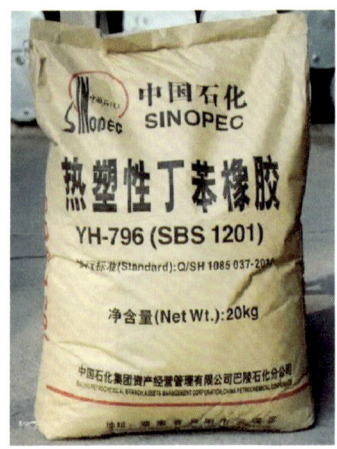 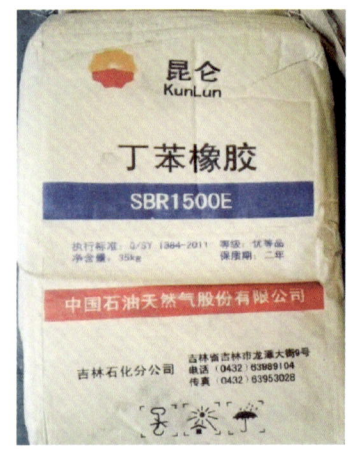

图1.22　丁苯橡胶产品

聚丁二烯橡胶是仅次于丁苯橡胶的世界第二大通用合成橡胶，是以丁二烯为单体，采用不同催化剂和聚合方法合成的。它具有弹性好、耐磨性强、耐低温性能好、生热低、抗龟裂性好以及动态性能好等优点，可与天然橡胶、氯丁橡胶以及丁腈橡胶等并用，在轮胎、胶带、胶管以及胶鞋等橡胶制品的生产中广泛应用。

丁腈橡胶是由丁二烯和丙烯腈经乳液共聚而成的聚合物，以优异的耐油性著称,并具有良好的耐磨性、耐老化性和气密性,其耐臭氧性、电绝缘性和耐寒性都比较差,但导电性能比较好。丁腈橡胶主要应用于耐油制品,例如各种密封制品。此外,丁腈橡胶还可作为聚氯乙烯改性剂,以及与聚氯乙烯并用作阻燃制品,与酚醛并用作结构胶黏剂,做抗静电性能好的橡胶制品如丁腈橡胶手套等(图1.23)。

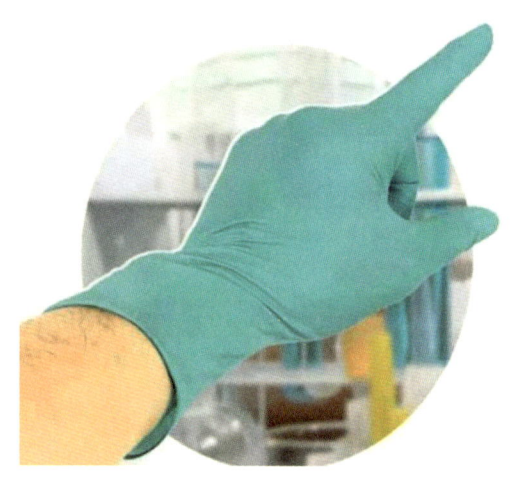

图1.23 丁腈橡胶产品

ABS树脂是目前产量最大、应用最广泛的聚合物,它兼具韧、硬、刚相均衡的优良力学性能和综合性能,有极好的冲击强度、尺寸稳定性、电性能、耐磨性、耐化学药品性、染色性、成型加工性能和机械加工性能。ABS树脂保持了苯乙烯的优良电性能和易加工成型性,又增加了弹性、强度(丁二烯的特性)、耐热和耐腐蚀性(丙烯腈的优良性能),且表面硬度高、耐化学药品性好。通过改变上述三种组分的比例,可改变ABS树脂的各种性能,故ABS树脂具有广泛用途,主要用于机械、电气、纺织、汽车和造船等工业领域。ABS树脂的生产主要有乳液接枝—本体SAN掺混法和连续本体法两种。如今制备ABS树脂大多采用乳液法,当前最有广阔前途的制备工艺是本体SAN掺混法。通过改变三种单体的比例和采用不同聚合方法,可制得各种规格的产品,其中包括以弹性体为主链的接枝共聚物和以树脂为主链的接枝共聚物,一般三种单体的比例范围为丙烯腈25%~35%、丁二烯25%~30%和苯乙烯40%~50%。

虽然天然橡胶的来源是天然橡胶树,但种植区和产量受限,品种单一,且会占用有限的土地资源。人们通过分析天然橡胶的结构特点,利用丁二烯开发出合成橡胶,在从第二次世界大战至今的几十年间,将合成橡胶发展成一个大家族，满足了汽车工业和其他工业的需求。总而言之，将丁二烯称为当代合成橡胶工业的基石算得上实至名归。

1.8 由梦而生的芳香烃——苯

苯是一种最简单的芳香烃有机化合物，分子式为 C_6H_6，是具有特殊芳香味的无色液体，常温下易挥发，不溶于水，可溶于酒精、乙醚、丙酮和汽油等有机溶剂。苯分子的结构如图 1.24 所示。

早在 19 世纪 20 年代，英国科学家法拉第首先发现苯。19 世纪初，英国和其他欧洲国家一样，城市照明已普遍使用煤气。从生产煤气的原料中分出煤气之后，剩下一种油状的液体却长期无人问津。法拉第是第一位对这种油状液体感兴趣的科学家，他用蒸馏的方法将这种油状液体进行分离，得到另一种液体，它实际上就是苯。当时法拉第将这种液体称为"氢的重碳化合物"。19 世纪 30 年代，德国科学家米希尔里希通过蒸馏苯甲酸和石灰的混合物，得到了与法拉第所制液体相同的一种液体，并将其命名为苯。

大家现在都已经知道苯环的结构很特殊，既不是碳碳单键结构，也不是碳碳双键结构，那么科学家是如何发现苯环这种特殊结构的呢？此后几十年间，人们一直在探索它的结构。当时所有的证据都表明苯分子非常对称，但是让人非常困惑的是，6 个碳原子和 6 个氢原子究竟是怎样完全对称地排列形成稳定的分子的呢？

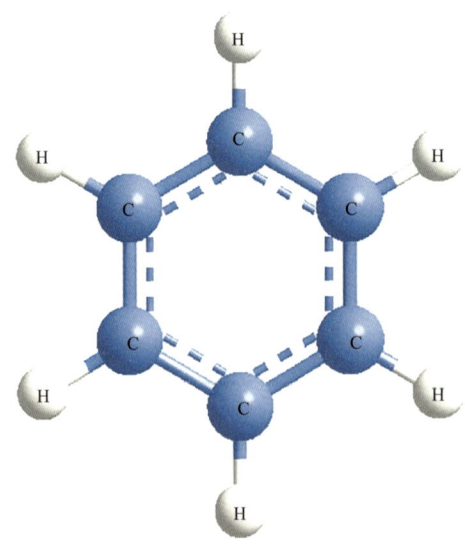

图 1.24 苯分子结构示意图

德国化学家凯库勒极富想象力，关于他领悟出苯分子的环状结构的经过，一直是化学史上的一个趣闻，被传为美谈。1864 年冬季的某天，凯库勒正坐在壁炉前打瞌睡，睡梦中，一条碳原子链像蛇一样咬住了自己的尾巴，在他眼前旋转。从睡梦中惊醒之后，凯库勒终于明白苯分子是一个由 6 个碳原子首尾相接的环，于是，在有机化学教科书中，增添了这个经典的六边形结构。凯库勒与苯环结构如图 1.25 所示。

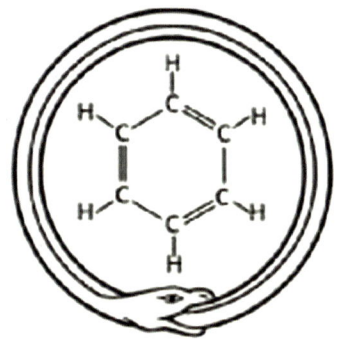

图 1.25　凯库勒与苯环结构

苯是一种重要的石油化工基本原料，早在 20 世纪 20 年代，苯已是工业上一种常用的溶剂，主要用于金属脱脂。由于苯有毒，人体能直接接触溶剂的生产过程现已不用苯作溶剂。苯因具有减轻爆震的作用而能作为汽油添加剂，在 20 世纪 50 年代四乙基铅开始使用以前，所有的抗爆剂都是苯。然而随着含铅汽油的淡出，苯又被重新起用，但由于苯对人体有不利影响，对地下水质也有污染，欧美国家限定汽油中苯的含量不得超过 1%。

苯在工业上最重要的用途是做化工原料。苯可以合成一系列苯的衍生物：苯经取代反应、加成反应和氧化反应等生成的一系列化合物可作为制取塑料、橡胶、纤维、染料、去污剂和杀虫剂等的原料，大约 10% 的苯用于制造苯系中间体的基本原料。苯与乙烯生成乙苯，后者可以用来生产制塑料的苯乙烯；苯与丙烯生成异丙苯，可进一步经异丙苯法来生产丙酮及制树脂和黏合剂的苯酚。此外，苯不仅可以生产制尼龙的环己烷、制苯胺的硝基苯、

> **小贴士**
>
> 芳香烃：分子中含有一个或多个苯环的一类烃属于芳香烃，主要由煤的干馏以及石油的催化重整生成。最简单的芳香烃是苯，比较常见的芳香烃还有萘（$C_{10}H_8$）、蒽（$C_{14}H_{10}$）等。

多用于农药的各种氯苯、用于生产洗涤剂和添加剂的各种烷基苯等，还可合成氢醌、蒽醌等化工产品。

通过上述介绍，大家一定了解了这种用途广泛的基础化工原料，即"由梦而生的芳香烃——苯"。

1.9 甲苯到合成纤维都经历了什么？

甲苯是一种具有特殊芳香味的易燃易挥发液体，其蒸气与空气混合可形成爆炸混合物。甲苯是苯的一种衍生物，即苯环上一个氢原子被 CH_3 取代成为甲苯，分子式为 C_7H_8。甲苯是从苯的基础上发展而来，其分子结构如图 1.26 所示，外形上像极了一个六角形羽毛球球拍，苯环是拍，甲基是球拍把。

甲苯常温下呈现为无色透明油性液相，与很多有机溶剂相溶，看不到分层。甲苯比水轻，不溶于水，在水中分层的现象就像生活中的豆油滴在水中一样，会漂浮在水上。甲苯易挥发，在空气中可以闻到芳香气味，你可千万不要陶醉于这种香味中，它对皮肤、黏膜有刺激性，对中枢神经系统有麻醉作用，因此在使用时要注意做好防护。

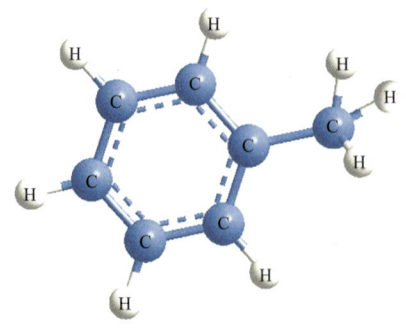

图 1.26 甲苯分子结构图

甲苯环上和甲基上的氢原子都很活泼，可与很多物质连接形成新的物质，因此甲苯化学性质很活泼，可进行氧化、磺化、硝化和歧化反应，以及侧链氯化反应。

工业上，甲苯最初来源于煤化工，通过煤的干馏而获得。现在甲苯主要来自石油化工生产过程，即通过粗汽油催化重整或液体原料蒸汽裂解中的裂解汽油抽提而得。

甲苯的工业用途广泛，可用作溶剂、汽油的添加剂和化工原料。通过化学反应，由甲苯可以制备出很多常见的物质，如染料、医药、农药、炸药、助剂和香料等化学品。由甲苯还可以生产高分子量聚合物，这些聚合物可进一步加工成为生活中常见的衣服布料、绳索和汽车机器零部件等。

甲苯最主要的用途是用于生产涤纶（聚对苯二甲酸乙二醇酯纤维，俗称涤纶）。涤纶是合成纤维的一个重要品种，是应用最广的聚酯纤维，曾经是国内20世纪六七十年代市场上最受青睐的纺织品。涤纶的用途很广，大量用于制造衣着和工业制品（图1.27）。阻燃涤纶因具有永久阻燃性，应用范围很广，除在纺织品、建筑内装饰和交通工具内装饰等方面发挥无可替代的作用外，还在防护服领域内发挥着不小的作用。

图1.27　涤纶服装、箱包和雨伞等产品

在认识了甲苯的结构、性质及来源等之后，下面来谈一谈以甲苯为原料制备涤纶的生产过程。涤纶生产过程包括：甲苯歧化或烷基转移生成对二甲苯（PX），对二甲苯氧化生成对苯二甲酸（PTA），对苯二甲酸与乙二醇（EG）在催化剂存在下进行酯交换反应，生成对苯二甲酸双羟乙酯（BHET），对苯二甲酸双羟乙酯经缩聚生成聚对苯二甲酸乙二醇酯（PET）。PET经纺丝，再进行后加工即可制得涤纶纤维产品。

图1.28所示工艺即从甲苯到合成纤维的过程，之后合成纤维再经过染

色、剪裁和缝合等步骤，得到了平时生活中所需的衣服、箱包和雨伞等用品，大家觉得神奇不神奇？

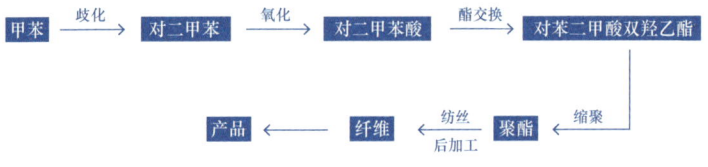

图1.28 甲苯合成涤纶纤维的工艺过程

1.10 带你全面认识二甲苯

前面了解了苯和甲苯的性质、用途等，接着继续认识另一种重要的芳香烃——二甲苯。

顾名思义，二甲苯就是苯环上有两个甲基。二甲苯的科学定义是苯环上两个氢被甲基取代的产物，存在邻、间、对三种异构体（图1.29）。在工业上，二甲苯即指上述异构体的混合物。二甲苯外观为无色透明液体，有芳香烃的特殊气味，易燃，与乙醇、氯仿或乙醚能以任意比混合，不溶于水。

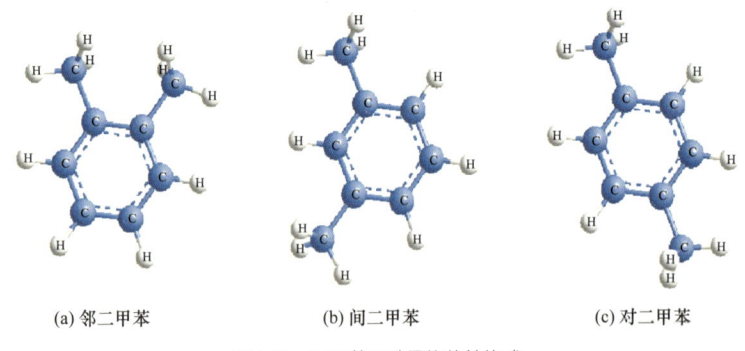

(a) 邻二甲苯　　　　(b) 间二甲苯　　　　(c) 对二甲苯

图1.29 二甲苯三种异构体结构式

二甲苯作为有机溶剂和化工原料，广泛应用于合成纤维、薄膜、涂料、塑料、油漆、建筑、交通、农药和染料等各个领域。二甲苯的产品链如

图1.30所示,其具体用途如下所示:

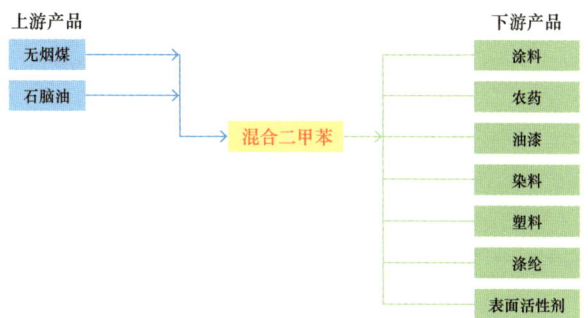

图1.30 二甲苯的产品链

(1)邻二甲苯的用途。邻二甲苯可用于生产邻苯二甲酸酐,邻苯二甲酸酐是制造增塑剂、醇酸树脂、不饱和聚酯等的原料,应用于塑料、油漆、涂料、雷达天线罩、飞机零部件、汽车外壳、小型船艇、透明瓦楞板等建筑材料、卫生盥洗器皿及化工设备和管道等领域。

(2)间二甲苯的用途。大部分间二甲苯异构为对二甲苯,也可氧化生成间苯二甲酸,代替邻苯二甲酸酐作为不饱和树脂和醇酸树脂的原料。间二甲苯氨氧化制得间苯二腈,应用于塑料、合成纤维、农药(百菌清)以及环氧树脂固化剂等方面。间二甲苯还可生产间苯二胺,应用在染料行业。

(3)对二甲苯的用途。二甲苯中用量最大的是对二甲苯。对二甲苯氧化生成对苯二甲酸,对苯二甲酸与乙二醇合成对苯二甲酸乙二醇酯,应用在合成纤维和薄膜行业。

对二甲苯是合成涤纶的主要原料。由对二甲苯合成的涤纶具有强度高、质轻、弹性好和易洗快干等特点。

此外,二甲苯还可以磺化生产表面活性剂(二甲苯磺酸铵、二甲苯磺酸钠)。

通过上述介绍,相信大家已经对二甲苯有了全面的认识,了解了二甲苯的性质、种类、用途及相关的产业链。

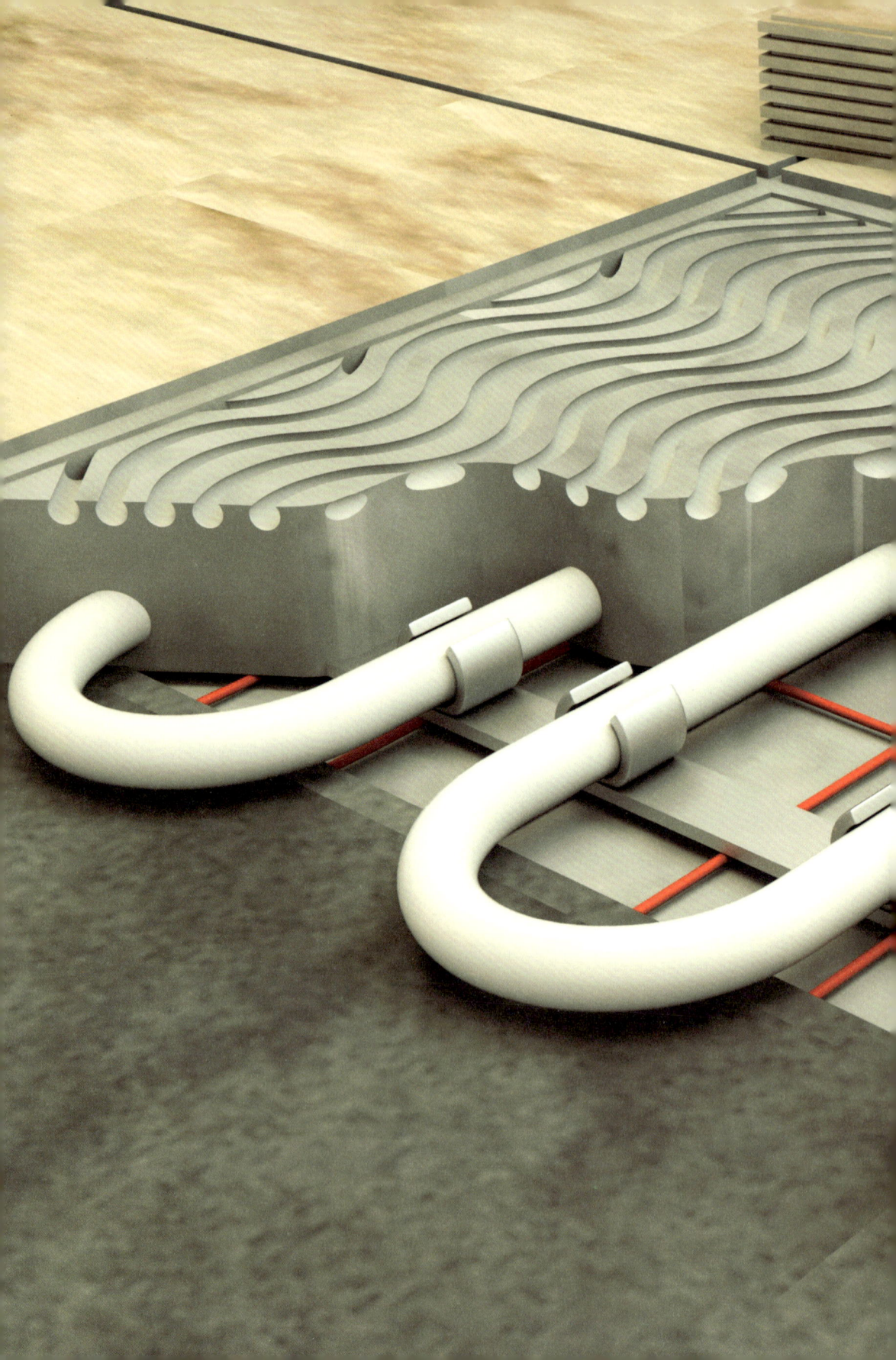

二 遍及生活的多面手——合成树脂

合成树脂是分子量未加限定，但往往是高分子量的固体、半固体或假（准）固体的有机物质，受应力时有流动倾向，常具有软化或熔融范围并在破裂时呈贝壳状。合成树脂是生产、生活及国防建设的基础材料，在农业、建筑、汽车、食品、医疗、电气和电子等多个领域中占据重要地位。

2.1 丰富多彩的合成树脂

顾名思义，树脂最原始的含义就是树木上渗出的类似油脂一样的物质，它们来源于植物组织的正常代谢产物或分泌物等，常存在于植物特殊的管道、树瘤等不同部位的储存器官内。

树脂分为天然树脂和合成树脂。天然树脂主要指由自然界中动植物分泌物所得的无定形有机物质，如松香、松脂、琥珀、虫胶、松节油、桃树胶、柯巴树脂、天然生漆等（图2.1），可用于涂料、纸张、香料等的生产过程。人类已有几千年甚至上万年利用天然树脂的历史，古代人们已经学会使用松脂来进行夜间照明。我国发现和使用天然生漆作为木器涂料的历史可追溯到公元前7000多年前，公元2世纪时玛雅人把人心果树胶作为口香糖进行咀嚼。20世纪初，科学家们首次在细菌中观察到一种类脂物质，随后在巨大芽孢杆菌中鉴定出类似的物质，并发现这种类脂物为一种可生物降解的聚合物材料。目前采用细菌生产该类物质已实现产业化应用，已成为完全可降解生物材料的重要来源。总的来说，绝大部分天然树脂成分复杂、种类有限，通常需要进一步的加工、提炼和纯化，以获得性能稳定的产品。

虫胶

琥珀

桃树胶

天然生漆

图 2.1　天然树脂

合成树脂是将一种或多种小分子单体通过聚合反应来人工合成的一类高分子量聚合物，是兼有或超过天然树脂固有特性的一类树脂，可广泛地用作塑料、纤维、涂料、黏合剂等。

随着人们日益增长的物质需求和现代化学工业的发展，合成树脂产业得到了飞速发展，满足各种性能要求的合成树脂应运而生。这些树脂材料逐渐渗透到人们生活的各个领域，并促进了农业、工业、军事、航天的大力发展。1907年，美国人贝克兰用苯酚和甲醛反应，人类历史上第一个合成树脂品种——酚醛树脂实现了产业化，被用于制造各种绝缘塑料、涂料、胶黏剂等。随后，聚乙烯、聚氯乙烯、聚丙烯等合成树脂相继实现产业化应用。

合成树脂是世界三大合成材料中产量和消费量最高的。2019年，全球合成树脂消费量超过2.5亿吨，其中中国合成树脂消费量接近1亿吨。从产量和消费量看，聚乙烯、聚氯乙烯、聚苯乙烯、聚丙烯和ABS树脂（丙烯腈、丁二烯、苯乙烯的三元共聚物）为五大通用合成树脂，是应用最为广泛的合成树脂材料。本书主要介绍聚乙烯、聚丙烯、聚碳酸酯等合成树脂品种及其在生活中的应用。

合成树脂视频

2.2 聚乙烯和聚丙烯是怎么分类的？

聚乙烯（PE）是由乙烯聚合而制得的一种热塑性树脂，全球聚乙烯产量居五大通用合成树脂之首。纯聚乙烯无味、无臭、无毒，表面无光泽，一般为乳白色，具有优良的耐低温性能，在低温下仍能保持良好的韧性。另外，聚乙烯化学稳定性好，能耐大多数酸碱的侵蚀，常温下不溶于一般溶剂，吸水性小。聚乙烯可用吹塑、挤出、注射成型等方法进行加工，主要用来制造薄膜、包装材料、容器、管道、单丝、电线电缆、日用品等，并可作为电视、雷达等的高频绝缘材料。

聚丙烯（PP）是由丙烯聚合而制得的一种热塑性树脂，属于五大通用合成树脂之一，是五大通用合成树脂中最轻的品种。纯聚丙烯同样无味、无臭、无毒，一般为乳白色，但相较于聚乙烯，表面光泽度较好，加工成型性好，同样不溶于一般溶剂，吸水性也较小，但耐低温性能和化学稳定性较差，更容易发生老化和降解，使制品变硬变脆。聚丙烯最大的优点在于具有良好的耐热性，其制品能在100℃以上环境中进行消毒灭菌，在不受外力的条件下，150℃也不变形。另外，聚丙烯具有优良的耐折断性，澳大利亚的钱币使用聚丙烯制作，就是源于聚丙烯的耐折断性。聚丙烯可用注射、挤出、压延、拉伸等成型方法进行加工，主要用来制造薄膜、包装材料、汽车配件、纤维和家用电器配件等日用品，我们常戴的口罩就是用聚丙烯材料制成的。

聚乙烯分类方法

实际生产的聚乙烯从分子结构角度看，主要由乙烯链节构成，同时，根据产品用途不同，还包括少量的1-丁烯、1-己烯或1-辛烯等共聚单体链节。通过共聚单体链节数量的调整，聚乙烯的密度会在$0.880 \sim 0.970$克/厘米^{3}之间变化，同时也引起聚乙烯的力学性能发生显著变化。不同力学性能的聚乙烯会有不同的用途，所以，聚乙烯的分类通常按照密度来划分。

（1）高密度聚乙烯（HDPE）。高密度聚乙烯（HDPE）的密度在$0.940 \sim 0.976$克/厘米^{3}范围内，结晶度为70%~80%，热变形温度为75~85℃，使用温度可达100℃，熔融温度为120~160℃。HDPE在所有聚乙烯中的刚性最高，韧性较低，主要应用于较硬的制品，如管材、中空容器、注塑制品等；在薄膜方面的应用主要集中在重物包装膜，由于HDPE的结晶度较高，降低了薄膜的透明度，生产的薄膜制品多为不透明包装薄膜。

（2）低密度聚乙烯（LDPE）。低密度聚乙烯的密度在$0.900 \sim 0.920$克/厘米^{3}之间，结晶度为40%~50%，熔融温度为95~110℃，热变形温度为50~70℃。LDPE的突出特点是韧性较好，但刚性较差，制品总体感觉较柔软。LDPE的最大应用市场是薄膜，LDPE薄膜柔软、透明，日常生活中的购物袋一般用LDPE材料制备。

（3）线型低密度聚乙烯（LLDPE）。线型低密度聚乙烯是20世纪70年

代开发成功的与 α-烯烃的共聚物，其分子呈线型结构。聚合物中引入 α-烯烃单体后使得大分子含有相当数量的支链，这些短支链和长支链会对其物性产生影响，可以通过调控支链长短、支化度以及共聚单体含量等来制备所需产品。由于 LLDPE 在结构上的特点，它在性能上拥有某些超越 LDPE 的优势。其结构特点为：撕裂强度为低密度聚乙烯的 3~4 倍；抗穿刺强度约为低密度聚乙烯的 9 倍；极限拉伸强度与断裂伸长率比低密度聚乙烯高 25%~50%。

聚丙烯分类方法

从分子结构来看，聚丙烯比聚乙烯的分子链节多一个甲基，甲基的存在使聚丙烯的性能在很多方面不同于聚乙烯。聚丙烯的生产过程分为均聚和有共聚单体的共聚，但共聚单体的存在并不显著改变聚丙烯的密度，所以聚丙烯通常不依据密度来分类，而是根据共聚单体使用与否以及使用量来分类。

（1）均聚聚丙烯。均聚聚丙烯完全使用丙烯单体聚合而成，不使用其他的共聚单体。由于不存在共聚单体，得到的均聚聚丙烯分子结构规整度高，结晶度高，材料的刚性好，但韧性较差，主要用于薄膜、注塑、扁丝、纤维等制品的生产。

（2）无规共聚聚丙烯。无规共聚聚丙烯是由丙烯和低于 5% 的乙烯或 1-丁烯共聚得到，无规共聚聚丙烯由于共聚单体的存在，分子结构规整度降低，结晶度降低，材料的透明度提高，光泽度变好，刚性下降，韧性提高，通常用于薄膜、注塑、管材和包装用收缩膜的制备。

（3）抗冲共聚聚丙烯。抗冲共聚聚丙烯是由丙烯和高于 5% 的乙烯或 1-丁烯共聚得到。共聚单体的插入打乱了聚丙烯链结构的规整性，抗冲共聚聚丙烯中出现了完全不结晶的组分，被称为"橡胶相"，橡胶相的存在大大提高了聚丙烯的抗冲击强度。抗冲共聚聚丙烯主要用于对聚丙烯材料的抗冲击性能要求较高的领域，如汽车保险杠、家用电器配件、电池箱等。

2.3 合成树脂如何变成制品？

"挤出"是聚烯烃等合成树脂最重要的加工技术，合成树脂通过薄膜拉伸、薄膜吹塑、注塑、中空吹塑、滚塑和挤出涂布等工艺过程制造出各种各样的产品。

注塑成型

注塑成型是将树脂熔融、利用压力注射进模具中，再通过冷却得到想要的部件（图2.2和图2.3）。注塑成型是一种十分常用的塑料成型方法，成型的主要设备是注塑机，注塑成型的生产效率高，原料浪费少。

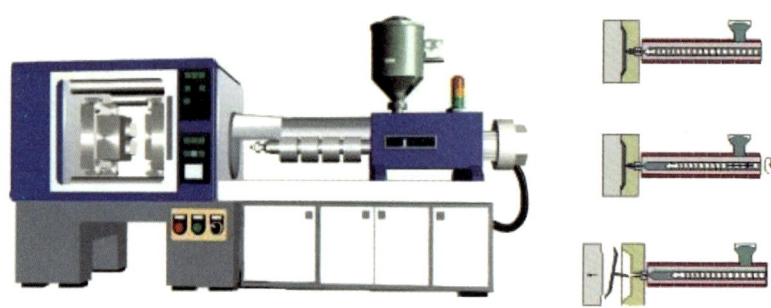

图2.2 注塑成型原理

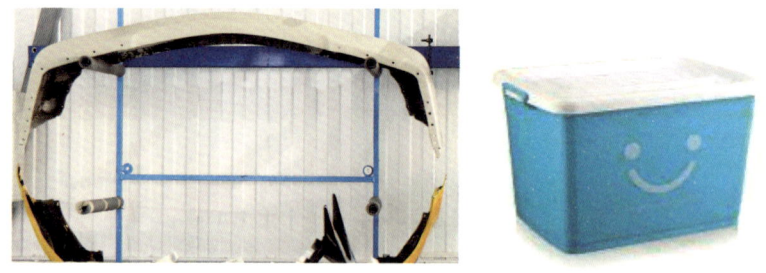

图2.3 注塑成型常见制品

挤出成型

挤出成型是一种高效连续的挤出方法,在挤出机料筒和螺杆的作用下,树脂边受热边塑化,熔体被螺杆向前输送,通过不同形状的模头挤出定型,主要用于加工各种管材、棒材、片材和纤维等(图2.4和图2.5)。

图2.4 挤出机

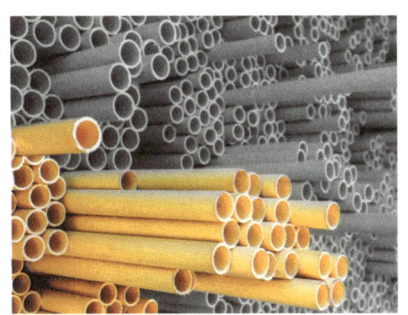

图2.5 挤出成型常见制品

吹塑

吹塑主要包括中空吹塑和薄膜吹塑。中空吹塑是将熔融的树脂置于模具中,然后通入压缩空气,使树脂型胚吹胀贴合在模具表面,冷却定型。薄膜吹塑不需要模具,将基础的管状塑料型胚吹胀成薄膜,经过压辊平铺定型(图2.6)。

图2.6 吹塑中空容器

模压成型

模压成型又称压缩成型,是将粉状或者粒状树脂放入成型模具中,加热后合模加压,然后冷却定型(图2.7)。

滚塑成型

滚塑成型又称旋转成型,是将粉料或者粒料树脂置于模具中加热,随后不断转动模具,使熔体均匀地附着在模具型腔上,然后冷却开模(图2.8和图2.9)。

图2.7 常见模压制品

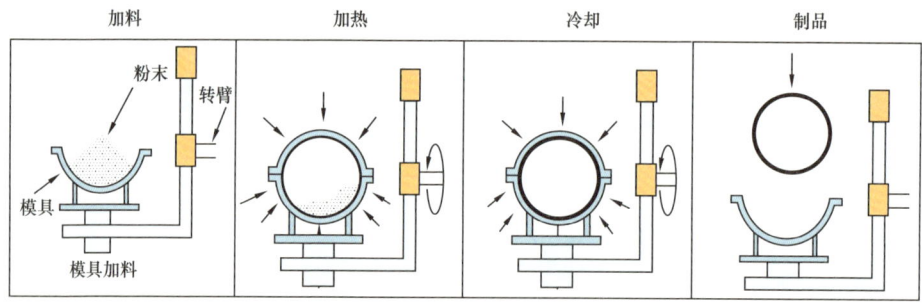

图2.8 滚塑成型过程

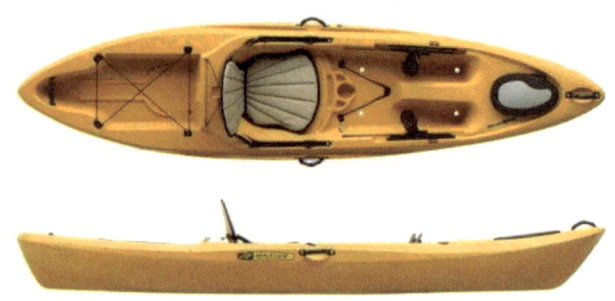

图2.9 滚塑制品

吸塑成型

吸塑成型又称真空成型，是将塑料片材通过加热软化后，利用真空将软化的片材吸附于模具表面，冷却后定型，广泛应用于塑料包装、装饰、广告等行业（图2.10和图2.11）。

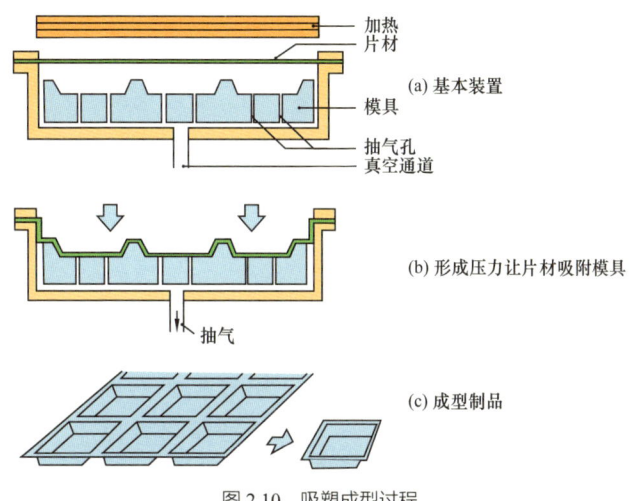

图2.10 吸塑成型过程

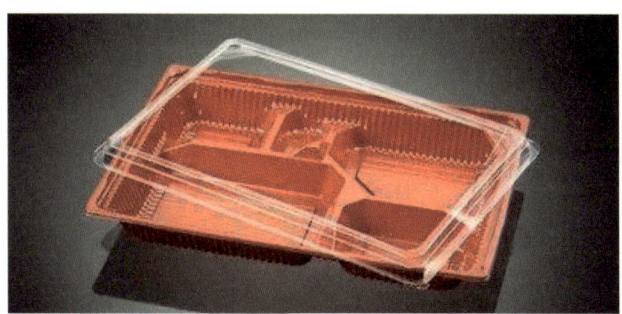

图2.11 吸塑成型制品

其他成型工艺

除上述成型工艺外，还有其他一些成型工艺，如薄膜的流延、双向拉伸工艺，中空塑料瓶的注拉吹塑工艺，片材的压延成型工艺等（图2.12和图2.13）。

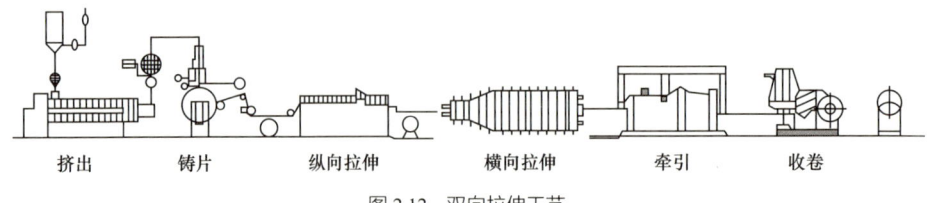

图 2.12 双向拉伸工艺

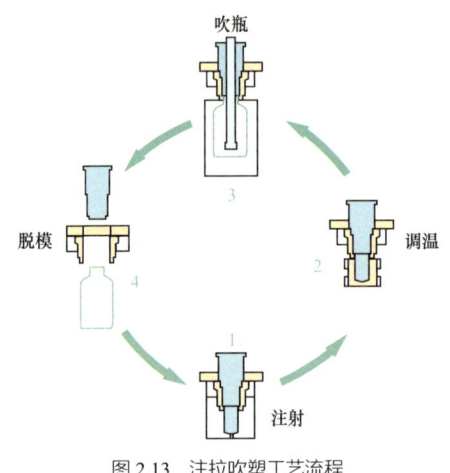

图 2.13 注拉吹塑工艺流程

流延法产膜是通过熔体流延骤冷生产的一种无拉伸、非定向的平挤薄膜,不存在明显的取向结构。双向拉伸为近几年颇为关注的生产方法。双向拉伸成型基本原理为高聚物原料先通过挤出机被加热熔融挤出成厚片,再在玻璃化温度以上、熔点以下的适当温度范围内,通过拉伸机先后沿纵向和横向进行一定倍数的拉伸,使分子链在平行于薄膜的平面上进行取向而有序的排列,然后在拉紧状态下进行热定型,使取向的大分子结构固定,最后经冷却及后续处理成膜。

注拉吹塑简称注拉吹,先由注射成型机注射成型胚,将热型胚进行纵向拉伸,然后通入压缩空气使其横向拉伸,得到与模具型腔形状相同的制品。

压延成型是生产高分子材料薄膜和片材的主要方法,它是将接近黏流温度的物料通过一系列相向旋转着的平行辊筒的间隙,使其受到挤压和延展作用,成为具有一定厚度和宽度的薄片状制品。

小贴士

黏流温度为高弹态与黏流态间的转变温度,又称软化温度。

2.4 保鲜膜是怎么保鲜的?

保鲜膜是一种塑料包装制品，通常以乙烯为原料通过聚合反应制成，主要用于微波炉食品加热、冰箱食物保存、生鲜及熟食包装等场合，在家庭生活、超市卖场、宾馆饭店及工业生产的食品包装领域都有广泛应用（图2.14）。

图 2.14 水果保鲜膜包装

📂 保鲜膜的分类

保鲜膜可分为三大类：第一种是聚乙烯，简称 PE；第二种是聚氯乙烯，简称 PVC；第三种是聚偏二氯乙烯，简称 PVDC。PVC 保鲜膜由于生产工艺需要，在制作过程中需要加入增塑剂，由于担心在使用中增塑剂的析出给人体健康带来隐患，PVC 保鲜膜的使用目前存在一些争议。而 PE 保鲜膜由于材质相对安全，在家庭生活中使用居多。目前市售的保鲜膜也普遍以 PE 材质为主，PE 保鲜膜又分为以下几种：

普通塑料膜：主要是采用吹塑成型、流延成型以及压延成型的未经处理的一类薄膜，后期表现出来的包装性能主要取决于树脂品种等。

定向拉伸膜：主要是将普通塑料薄膜在一定温度条件下拉伸到原来长度的几倍，处于张紧状态下，在某一温度保持几秒再进行热处理定型，后急速地冷却至室温。

热收缩薄膜：一般会将未经热处理定型的定向拉伸薄膜命名为热收缩薄膜。拉伸薄膜聚合物大分子的定向分布状态都是不均匀的，当处于高拉伸温度和低熔点的背景下，分子热运动使大分子从定向分布

> **小贴士**
> 增塑剂：能削弱橡胶、塑料等高分子间的作用力，增加其可加工性并改善制品某些性能的物质。

状态又恢复到无规则团状态，使拉伸薄膜沿拉伸方向收缩还原，这种热收缩性能被应用于包装食品，对包装品具有很好的保护性，同时具有商品展示性和经济实用性。

弹性（拉伸）薄膜：属于一种高性能的薄膜，膜延伸率大、强度大，后期可以表现出来很好的拉伸弹性和弹性张力。

◤ 保鲜膜的保鲜原理

保鲜膜具有适度的透氧性和不透湿性，以此来调节被保鲜食品周围的氧气含量和水分含量。由于内外氧气可以交流，所以可以有效阻止厌氧菌的繁殖，并且阻隔空气中的灰尘，从而延长食品的保鲜期。因此，保鲜包括保水、保质和保护营养，一般而言，正确使用保鲜膜的食品可以在常温下保鲜一周左右。

◤ 保鲜膜的挑选

下面带大家了解一下如何进行保鲜袋的挑选：

（1）留意产品标示的材质：聚乙烯袋（PE）应用比较多的领域是食品包装；聚氯乙烯袋（PVC）也可用于蔬菜、水果等易腐食品包装，不能用于油脂性食物包装，不能用于微波炉加热。

（2）进行微波炉加热食品时，要用有"微波炉"标识的保鲜袋。

（3）日常冰箱里的冷藏、冷冻食品也应注意用保鲜袋进行包装，而不是用普通的塑料袋代替。

2.5 牛奶包装瓶可以加热吗？

牛奶的包装必须要有阻隔性，并兼具阻氧、阻光、防潮、保香、防异味的功能，这就要求包装一方面要保证外部的细菌、尘埃、气体、光、水分等不能进入包装袋中；另一方面要求稳定性好，不吸收异味，成分不能分解、迁移，影响牛奶的性质。除此之外，还要保证牛奶中所含水分、油脂、芳香成分等不向外渗透。牛奶在灌装机上进行包装，这就从工业角度对牛奶包装的滑爽性、拉伸性能、热封性能等提出了要求。

牛奶的包装形式主要有塑料袋装、盒装、瓶装，它与牛奶的杀菌方式密切相关。超高温灭菌奶又称UHT奶，多采用复合塑料袋或纸塑复合包装，有枕形、砖形等形式。巴氏杀菌奶通称杀菌牛奶，采用简单的塑料袋或塑料瓶、玻璃瓶包装。

牛奶包装有哪些？

玻璃瓶是历史最久、最传统的牛奶包装（图2.15）。玻璃瓶不仅可以直观地看到牛奶的颜色和状态，而且阻隔性好，还耐热、耐压、耐清洗，成本低廉，安全环保。玻璃瓶有良好的耐腐蚀能力和耐酸蚀能力，更大的优势是无毒无味。然而，玻璃瓶易碎，不便运输。玻璃瓶包装保质期短，一般为3~5天，适用于即时消费包装。玻璃瓶的包装操作简单，把刚挤出的牛奶经过过滤和消毒后，装入玻璃瓶内，用金属盖旋紧密封即可。

牛奶用塑料瓶主要是以高密度聚乙烯为原料，在添加了相应的添加剂后，经过高温加热，通过塑料模具吹塑、挤吹或者注塑成型的（图2.16）。塑料瓶具有不易破碎、运输方便、成本低廉等特点。相比于玻璃瓶包装，塑料瓶包装不能重复使用，不利于环保。

利乐包装是密闭式灌注的，就是把奶灌注到纸管里，然后切割封合，所以里面没有空气。利乐包是

图2.15 玻璃瓶装牛奶

图2.16 塑料瓶装牛奶

由纸、铝、塑组成的六层复合包装,能够有效地把牛奶与空气、光线和细菌隔绝,因此可以在常温下存放,而且保质期较长,利乐枕达到 45 天,利乐砖则达到 6~9 个月(图 2.17)。

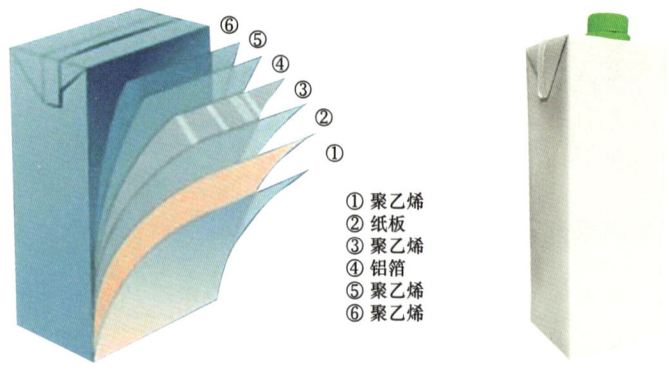

图 2.17　利乐包装牛奶

屋顶盒也叫新鲜屋,是一种纸塑复合包装。其屋顶形的纸盒是多层复合膜,最外层是塑膜,中间层是纤维,里层为铝箔(图 2.18)。屋顶盒的印刷精美,一般比较适合灌装营养价值高及口味新鲜的鲜奶、花色奶、酸奶及乳酸菌饮料等产品,但需要冷藏保鲜,因此牛奶保质期比较短。

图 2.18　屋顶盒装牛奶

无菌塑料袋的包装材料是经过特别处理的,塑料袋里面有一层黑色的涂层,这个涂层可以起到隔离光线的作用(图 2.19)。但是由于无菌塑料袋比较薄,即使经过特别的处理,其隔绝光线的效果也不能与铝箔相比,因此牛奶的常温保质期为 30 天左右。

图 2.19　袋装牛奶

百利包的结构为多层无菌复合膜,有三层黑白膜,也有高阻隔 5 层、7 层共挤膜及铝塑复合膜,材料不同,其保质期跨度从 30 天到 180 天不等(图 2.20)。百利包是一种新的低成本包装形式,采用百利包包装的牛奶保质期一般为 45 天,添加适当的防腐剂,其保质期也能达到 2~3 个月。

图 2.20　百利包包装牛奶

🟦 牛奶包装瓶能加热吗？

普通玻璃牛奶瓶是无法进行加热的，而高硼硅玻璃制品可以加热。但在加热时要注意方法，采用蒸煮的方式进行加热，要避免长时间加热，采用微波炉进行加热时，要控制在 3 分钟以内，否则玻璃瓶有破裂的风险。

聚乙烯制牛奶瓶是不可以加热的，因为其耐热性较差，一旦温度高于 90℃，聚乙烯塑料中所添加的抗氧剂、增塑剂、着色剂等会释放出来，而这些成分对人体多有危害。因此在饮用塑料瓶装的牛奶时，最好常温饮用，如必须加热，则应将牛奶从瓶中倒出到其他可加热的容器内再进行加热，以免对身体健康造成危害。

2.6 大棚膜下种蔬菜

近年来，我国市场上蔬菜品种应有尽有，即使在冬季也不乏鲜菜，这得归功于农业用大棚膜。大棚膜用作温室大棚的覆盖膜，也叫塑料薄膜，具有良好的保温性和透光性，密封性好，能保证土地湿度，给作物营造更好的生存环境，人工制造适于农作物生长的"小气候"，达到农产品增产增收的目的。农用覆盖材料有地膜、棚膜。

🟦 大棚膜的分类

塑料棚膜有普通型、耐候型、无滴型、保温型等，要求扣棚 300 天以上不发生自然破坏。其主要原料是聚乙烯、聚氯乙烯或乙烯—乙酸乙烯酯共聚物（EVA），其中聚乙烯的消耗量最大，其产品有聚乙烯棚膜、聚乙烯复合功能棚膜，还有黑色、银灰色、紫色、绿色等各种聚乙烯有色棚膜。

🟦 大棚膜原理

普通大棚膜一般不需要特殊的功能性，其结构为聚乙烯，通常线型低密度聚乙烯（LLDPE）提供薄膜强度，低密度聚乙烯（LDPE）提供膜泡稳定性，也会添加一定的茂金属聚乙烯以进一步提高薄膜韧性和光学性能。

聚乙烯有三种结构，如图 2.21 所示。

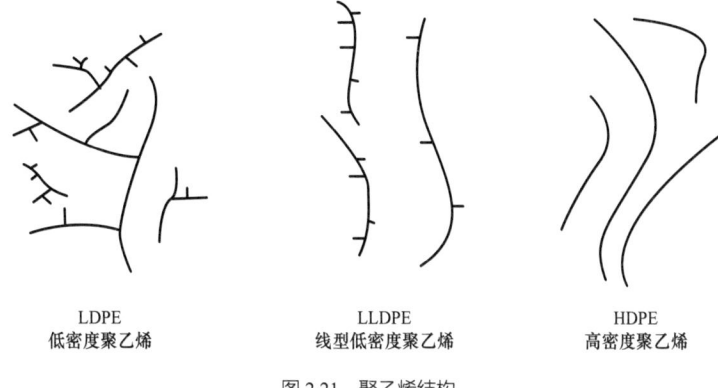

LDPE　　　　　　　　LLDPE　　　　　　　HDPE
低密度聚乙烯　　　线型低密度聚乙烯　　　高密度聚乙烯

图 2.21　聚乙烯结构

低密度聚乙烯分子主链上每 1000 个碳原子中带有 20～30 个乙基、丁基或更长的支链。支链结构的不规则性使低密度聚乙烯结晶性较差，密度低，有良好的化学稳定性、电绝缘性和柔软性，加工性能好，透明性好，但力学性能较差，它不透水，但透气。

高密度聚乙烯分子链为线型结构，支链少，平均每 1000 个碳原子含有几个支链。规整的链结构使高密度聚乙烯结晶性好，密度高，在化学稳定性、电绝缘性方面与低密度聚乙烯相似，但耐热性更好，硬度和机械强度较高，制成的容器可煮沸消毒。

线型低密度聚乙烯与高密度聚乙烯有相似的线型结构，但线型低密度聚乙烯引入的少量 α- 烯烃使其分子链上形成一定长度的无规则分布的短支链，从而结晶性较差，熔点比低密度聚乙烯高 10～15℃，耐热性和耐低温冲击性优良，力学性能比低密度聚乙烯好，强度相同时，线型低密度聚乙烯制品可以减薄。

在助剂方面，主要添加紫外光稳定剂来防止薄膜过早老化，如果需要流滴功能性，则可添加流滴功能母粒。薄膜的光学性能可以通过配方来调节，根据需要可生产高透明薄膜或者带有散光效果的非高透明薄膜,两种薄膜的功能以及适用的区域及作物都有所不同。

废弃的薄膜去哪了?

用过的薄膜都去哪儿了?这么多塑料薄膜,会不会造成大面积的"白色污染"?

一亩地的大棚薄膜重约72千克,淘汰后卖给回收站,农户每千克还能赚几块钱。废弃大棚薄膜送到加工厂,可以做成200吨左右的塑料颗粒,然后再加工成地膜、塑料钵等几十种农资。

2.7 汽车油箱也可以用塑料代替吗?

汽车油箱是汽车贮存燃料的容器,也是发动机的动力来源。

汽车油箱大致分为两大类材质,一种是金属油箱,另一种是塑料油箱(图2.22)。仅从材料方面直观感受,也许大部分人会认为金属油箱更"钢",塑料油箱往往会差很多。然而金属油箱基本已经被乘用车淘汰,现阶段只有大型客货车还在使用铁质或铝质金属油箱,这是为什么呢?

大型客货车辆的油箱容积动辄上千升,使用塑料油箱很难保证在加注满后油箱不会过度形变,出于安全考虑货车还是使用金属油箱。汽车金属油箱

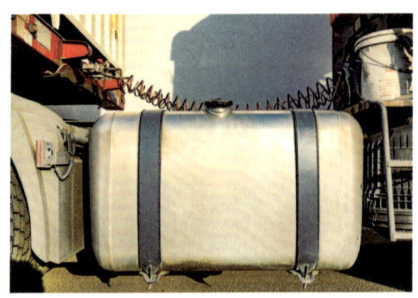 

图 2.22 油箱

也分为两种类型。低品质的是铁质油箱，这种材料的油箱防锈能力差，在恶劣环境中使用容易锈穿漏油；同时铁质油箱的耐蚀性不强，对于高标准的柴油适应能力差。铝材的防锈能力与防腐蚀能力都要强得多，所以80%以上的大型客货车都采用铝质油箱。塑料油箱材料为合成树脂，重量轻，耐腐蚀，绝缘性好，延展性好，抗冲击性能不亚于铁质油箱，可塑性高，乘用车（轿车、MPV、SUV）底部空间小，可根据车底部空间设计不同造型，所以现在大部分乘用车安装的是塑料油箱。

塑料油箱的优势

塑料燃油箱与金属油箱相比具有以下优点：

重量轻。通常铁质油箱的壁厚至少为1.2毫米，汽车塑料燃油箱的平均壁厚为4毫米。由于铁的密度为7.8克/厘米^3，再加上铁质油箱外表面要做防锈处理，从而其密度高达8克/厘米^3，而HDPE塑料材料的密度为0.95克/厘米^{3}左右，因此一只同等容积的铁质油箱比塑料油箱重得多。

防腐能力强。由于塑料具有很强的耐化学腐蚀能力，因此汽车塑料燃油箱不会因腐蚀而产生一些杂质，从而不会导致杂质通过供油系统进入发动机而导致发动机损伤，降低其使用寿命。

造型多样。随着汽车配置越来越多，为了充分利用空间，现代汽车的外形设计变得越来越紧凑。与金属燃油箱不同的是，塑料燃油箱通常采用一次吹塑成型的方式，可以成型出形状复杂的异形产品，因此有利于在汽车总体布置已经确定的情况下，根据现有的底盘剩余空间来成型出适合的燃油箱形状，并尽可能增大燃油箱的容积，这是金属燃油箱无法比拟的。

安全性高，不会因热膨胀而爆炸。目前大多数塑料燃油箱都采用高分子量的聚乙烯材料制造而成。这种材料的热传导性很低，仅为金属的1%。同时，高分子量聚乙烯具有良好的弹性和刚性，在-40℃和90℃的情况下仍可保持良好的力学性能，经撞击后能自行回弹而不会产生永久变形，同时在摩擦或撞击过程中不会产生电火花而引起爆炸事故，即使汽车不慎着火，也不会因塑料燃油箱受热膨胀而发生爆炸，因此塑料燃油箱具有很高的安全性。

生产成本低，加工工艺简单，不论多复杂的产品造型都可一次成型，并且报废的产品经粉碎后材料可以循环使用。

塑料汽车油箱加工方式

塑料燃油箱大体有两种类型：一种是单层结构的塑料燃油箱，一般采用高密度聚乙烯（HDPE）作为原材料，由于高密度聚乙烯热塑性显著，其加工成型工艺通常有挤出吹塑成型、滚塑成型、注塑成型、真空吸塑成型等多种形式，其中挤出吹塑成型和滚塑成型为两大主流工艺；另一种是经阻隔性处理的单层或多层结构的塑料燃油箱，一般为采用超高分子量聚乙烯（UHMWPE）吹塑成型的单层结构的塑料燃油箱，其箱体内壁进行不同方法的表面处理，以提高其抗燃油的渗漏性，或是以 UHMWPE 为基材辅以阻隔材料或黏合树脂吹塑成型的单层及多层复合结构的塑料燃油箱。

正是由于塑料燃油箱与金属油箱相比具有以上诸多优点而得到快速发展，目前国内生产汽车塑料燃油箱的使用率已达到 70% 左右，欧美国家的塑料燃油箱使用率已达到 90%，福特汽车更是达到了 100%。正是由于塑料燃油箱具有不同于金属燃油箱的诸多优点，使得塑料燃油箱替代金属燃油箱、多层燃油箱替代单层燃油箱成为目前汽车工业发展的主流方向。

近年来，我国汽车产业持续、快速、健康发展，根据国家信息中心统计，2011 年汽车销量达到 1900 万辆，其中乘用车销量为 1132 万辆，2010—2020 年年均增长接近 10%，2020 年的年度销售量达到 2337 万辆。

目前我国汽车油箱专用树脂的总需求量约 15 万吨 / 年，消费市场主要集中在华东、华南、东北地区，国内石化企业纷纷开展了油箱专用树脂的研究与开发，但目前尚处于起步阶段。面对迫切的市场需求，应继续加大汽车油箱树脂的研发力度，早日实现核心技术自主化，替代进口产品。

2.8 可以使用50年的地暖管

地暖主要以温度不高于60℃的热水为热媒，热水在埋置于地面以下填充层中的加热管内循环流动，加热整个地板，通过地面以热辐射和热对流的热传递方式向室内供热。地暖具有舒适、健康、节能、环保、寿命长等多项独特优势，风靡世界各地，被世界暖通界公认为最理想、最先进的供暖方式之一。与传统的散热器供暖方式相比，地热采暖节能幅度约为20%，如果采用分区温控装置，节能幅度可达40%，并且室内不再有散热器及其支管，无形中增加2%~3%的室内使用面积，更便于装修和家具布置，正逐渐成为城市家庭主要采暖方式（图2.23）。

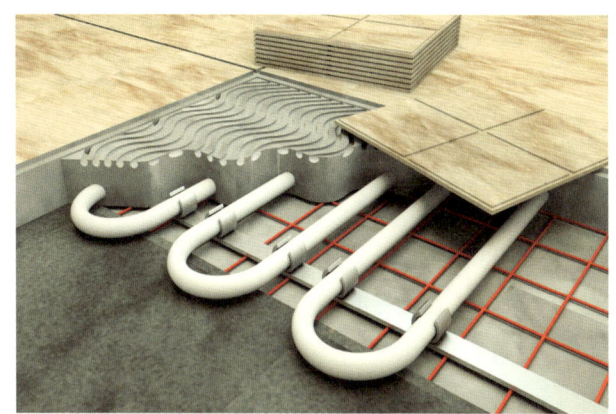

图2.23 家用地暖管

地暖系统的组成

地暖是一个系统工程，一套完整的地暖系统由多种材料组合而成（图2.24）。地暖主材是地暖系统的重要组成部分，直接影响整个地暖系统的运行，主要包括热源、地暖管、分集水器、温控等。分集水器、温控等相关组件都在地面上,可随时更换,埋在地板以下的地暖管是地暖系统热水传输的重要媒介,地暖管的性能决定了地暖系统的使用寿命。

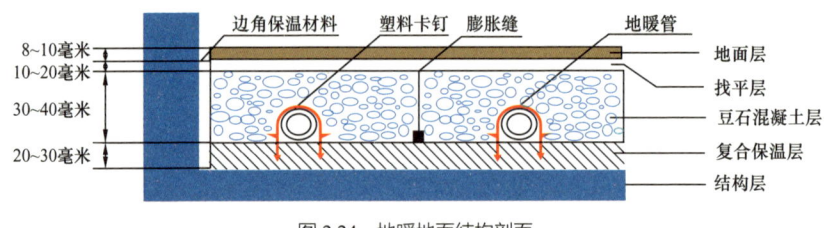

图 2.24 地暖地面结构剖面

地暖管的材质

自地暖诞生,共有以下几种材质作为地暖管的主要材料,分别是交联聚乙烯(PE-X)、耐冲击共聚聚丙烯(PP-B)、无规共聚聚丙烯(PP-R)、聚丁烯(PB)、耐热聚乙烯(PE-RT)。

PE-X 管安装连接简便,具有很强的抗氧化功能,可耐 80℃高温,低温抗冲击性能优异,但是膨胀系数大,不能回收利用。

PP-R 是目前家装中使用量最多的供水管道,在地暖系统中多用于地暖主管。

PP-B 具有超强的力学性能与热稳定性,更耐高温,长期使用温度为 70℃,在正常地暖系统中可使用 50 年以上。

PB 材料性能优异,有"塑料黄金"的美誉。PB 管重量轻、耐压、耐冲击、耐低温高温性能好,可在 95℃下长期使用,最高使用温度达 110℃,柔韧性更是是几种常用地暖管中最好的,但价格较高。

PE-RT 是乙烯与 α- 烯烃共聚生产的非交联聚乙烯,与金属及其他塑料热水管相比,具有热熔连接性好、使用寿命长、环保、耐高温以及柔韧性好等突出优点,是综合性能和价格比最好的采暖管材,在地暖管领域应用最为广泛(图 2.25)。

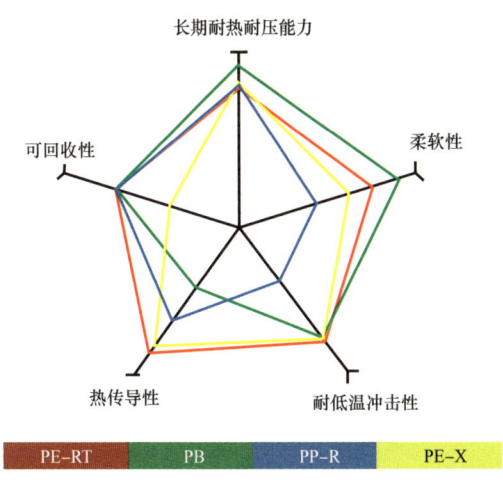

图 2.25 地暖管主要材料性能对比

耐热聚乙烯管材认证与应用

制造地暖管材的耐热聚乙烯原料要经过国家化学建筑材料测试中心的严格认证测试，合格后方能在市场上推广应用。国际标准化组织（ISO）及国家标准规定建筑内地暖管材的设计使用寿命为 50 年（在 50 年使用寿命中，在 20℃水温下累计使用 2.5 年；在 40℃的水温下累计使用 20 年；在 60℃的水温下累计使用 25 年；在 70℃的水温下累计使用 2.5 年；在故障温度 100℃下，累计使用时间不超过 100 小时）。

> **小贴士**
> 使用条件分级不是硬性规定，而是特定地区气候条件和典型使用条件计算所得的推荐性标准，选择时应根据工况加以区别分析。

通过上文的理论数据，知道了地暖管的使用寿命 50 年是指累计使用年限，是在不同工况水温的情况下累计而成的。水温是一个重要因素，分户供暖壁挂炉的水温最高为 84℃，地暖运行要求水温在 60℃以下。每年北方使用地暖的时间大约是 6 个月。以大庆为例，每年地暖管 20℃水温承载时间为 6 个月，地暖管 60℃水温承载时间为 6 个月，地暖在运行中达到水温后停止加热运行，此时管道里的水温为 40℃左右，时间为 20 天左右。经测算可算出地暖管的使用寿命远远超过 50 年，可以放心使用。

地暖管本身是整管连接，从管材出厂到入户开始铺设前，管道里是有气压的，如果有漏点马上就会被发现。铺设完成后，地面下的管道都是整管，用户完全不用担心。作为使用者，只要遵守地暖的使用标准工况，地暖管寿命达到 50 年是没有问题的。

2.9 水马不是马

水马不是马，而是一种塑料制品。水马是一种用于分割路面或形成阻挡的塑制壳体障碍物，通常是上小下大的结构，上方有孔以注水增重，故称水马。部分水马还有横向的通孔，以便通过杆件连接形成更长的阻挡链或阻挡墙。水马一般用于道路交通设施，在高速路、城市道路、天桥街道路口较常见（图 2.26）。

图 2.26 水马制品

▌ 水马的组成

水马由滚塑专用树脂经旋转成型制备而成。旋转成型是将聚乙烯粉碎后加入模具加热并使之沿两个互相垂直的轴连续旋转，形成所需形状后冷却成型。受水马加工及制品要求，在旋转成型中空制品加工过程中要求滚塑基础树脂具有良好的流动性，保证制品外观光滑、壁厚均匀。制品通常盛装液体，因此对专用料韧性、耐环境应力开裂性能和耐候性能要求比较高。

旋转成型中空制品加工过程包括填充聚合物、加热、冷却、脱模4个阶段，具体如下：（1）称量聚乙烯（经科学计算）并进行预处理，以粉料的形式注入旋塑模具的型腔中；（2）把旋转成型装置置于加热室中，对旋转模具进行加热，加热的同时对内外轴（也称主副轴）按照一定的旋转速度进行旋转，使所有的粉料黏附并固化在旋转模具型腔的内表面；（3）将旋转模具从加热室移置冷却室，使旋转模具型腔内的热塑性粉料冷却到能够定型的温度，在此过程中需要依据物料的流动性能和制品的结构形状设置精确的冷却时间和冷却条件，并且旋转成型装置需要保持不断旋转；（4）设置旋转装置内外轴转速，使旋转成型装置位于设定的开模位置，打开旋转模具，取出制品，并作定型处理。

■ 水马的材料

在水马加工过程中要求基础树脂具有良好的流动性，保证制品外观光滑、壁厚均匀。通常水马置于户外使用，可盛装油品及各种液态危险化学品，因此对专用料韧性、耐紫外光老化性能和耐环境应力开裂性能要求比较高。随着国家道路管理规范日趋严格，水马的材料也逐渐由低端钛系产品升级为韧性、耐紫外光老化性能和耐环境应力开裂性能更为优秀的茂金属产品，水马的抗冲击性能和耐老化性能更为优异，能够更好地为道路管理服务。

2.10 防弹衣是什么材料制成的？

防弹衣（Bulletproof Vest）是指能吸收和耗散弹头、弹片动能，阻止穿

图 2.27 防弹衣实物图

透,有效保护人体受防护部位的一种服装。防弹衣又称避弹衣、避弹背心、防弹背心、避弹服、单兵护体装具等。

作为一种重要的个人防护装备,防弹衣经历了由金属装甲防护板向非金属合成材料的过渡,又由单纯合成材料向合成材料与金属装甲板、陶瓷护片等复合系统发展的过程(图 2.27)。

防弹衣的组成

防弹衣主要由衣套和防弹层两部分组成(图 2.28)。衣套一般采用化纤织物或毛棉织物制作,起保护防弹层并使外表美观的作用。有的衣罩上设若干口袋,用以携带弹药和其他用品。防弹层采用金属、陶瓷片、玻璃钢、尼龙(PA)、凯夫拉(KEVLAR)、超高分子量聚乙烯纤维(UHMWPE Fiber)、液体防护材料等材料,构成单一或复合型防护结构。防弹层可吸收弹头或弹片的动能,对低速弹头或弹片有明显的防护效果,可减轻对人体胸部、腹部的伤害。

防弹层材料

防弹衣的防弹层负责吸收弹头或者弹片的动能,以减轻其对人体胸部、腹部的伤害。金属防弹层主要由特种钢、铝合金、钛合金等组成;陶瓷片防弹层主要包括刚玉、碳化硼、碳化铝及氧化铝等;凯夫拉防弹层全称为聚对苯二甲酰对苯二胺，具有高强度、高耐磨和高抗撕裂等特性；玻璃钢防弹层为纤维增强复合塑料；超高分子量聚乙烯纤维防弹层为分子量在100万～500万的超高分子量聚乙烯纤维制作的防弹层；液体防弹层由特殊液体材料剪切增稠液体制作而成。其中，超高分子量聚乙烯纤维与碳纤维、芳纶纤维并称为世界三大高科技纤维，鉴于其质量轻、强度高、柔韧性好、对冲击能量吸收高等特点，已经逐步成为防弹衣领域的首选纤维。超高分子量聚乙烯纤维是目前世界上单位强度最高的纤维，其单位强度是碳纤维和芳纶的3倍以上、钢丝的10倍以上，当钢制弹头或者弹片冲击在超高分子量聚乙烯纤维防弹层时，由于强度小于超高分子量聚乙烯纤维，防弹层不会被冲破，起到了保护的作用。同时超高分子量聚乙烯纤维对冲击能量的吸收高，分别是碳纤维、芳纶纤维及玻璃纤维复合材料的1.8倍、2.6倍和3倍以上，因此可以有效吸收或者抵消弹头或者弹片的冲击力量，使人体免受冲击波的伤害。

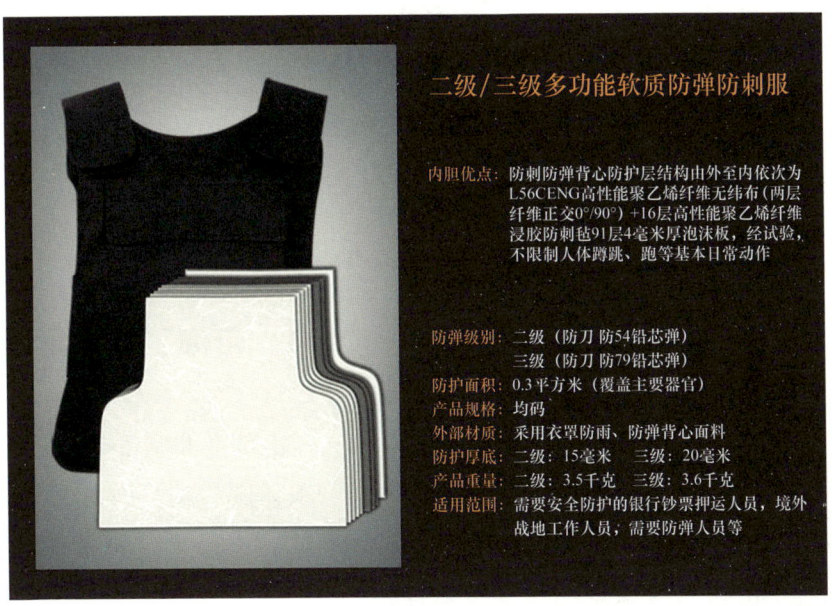

图 2.28　防弹衣结构

防弹原理及防弹材料重要性

防弹衣主要依靠防弹层来防弹（图2.29），防弹材料是防弹衣的核心部分。防弹衣是保卫士兵生命安全和健康的最后一道防线，有着极其重要的作用。研究、开发高品质的防弹材料，对于提高军队的综合作战能力、最大限度减少士兵伤亡具有至关重要的作用。目前，世界上只有美国、中国与荷兰3个国家能做到从原料研发到生产防弹衣，而世界上70%的防弹衣都是中国制造的，主要得益于中国对防弹材料，尤其是超高分子量聚乙烯纤维的成功研发和生产。

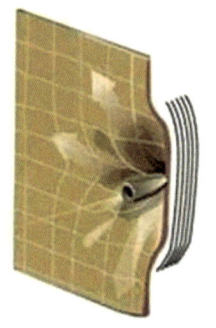

图2.29　防弹原理示意图

2.11　带你了解钓鱼线

图2.30　钓鱼线

钓鱼是非常受人们欢迎的一项休闲活动。钓鱼工具多种多样，钓鱼线就是其中之一。钓鱼线，就是钓鱼时鱼竿上所挂的线，类似于蜘蛛吐出来的丝，很细却很结实（图2.30）。

钓鱼线不仅在钓鱼领域发挥不可替代的作用,在生活中也有许多用途,如悬挂装饰物、缝纫衣服、切割物品等,是用途广泛的日常用品。

钓鱼线的种类

(1)尼龙线。尼龙线是最普遍的鱼线,一般采用聚酰胺树脂材料(PA)加工抽丝编制而成,可以在生产过程中加入色素来塑造不同的颜色(图 2.31)。尼龙线原本为透明色,由于是树脂材料,有较好的拉力和弹性,切水比较快,灵敏度很高,耐腐蚀老化,不同的气温和季节尼龙线性状改变不大,因此尼龙线在钓鱼线市场占有很大比例。尼龙线的型号规格主要有两个体系:一个是欧美国家按照鱼线能够承受的最大拉力标号,如 10 磅款、20 磅款;另一个是以日本为主导的标号体系,如 1 号、2 号,通过直径的不同进行区分。

图 2.31　尼龙线

(2)碳塑线。碳塑线是在传统的材料中加入碳素,使其较耐磨,但延展性较差。因其密度大于水,因此其切水性较佳,适用于矶钓(耐磨);因其密度较大,也为池钓所接受;又因其质地较硬,也可用于船钓的长子线或绑仕挂组(倒吊式)。

(3)钢丝线。钢丝线一般由多股编织而成,单股者质地较硬,受损时易断裂;多股者质地较软,一般适用于钓大物,可防止咬子线。

(4)编织线。编织线包括布线、火线、熔合线。布线由多股编织而成,具有较佳的拉力值,但是初期的布线没有加覆膜,易吸水,不容易保养,切水性较差,但其耐磨性和拉力性比较好,广为船钓者接受。火线为多股编织线,在制造过程中,每股细线加入覆膜,可防止吸水,切水性好,但其受损部分容易形成毛球状，质地较硬，比较容易断裂。融合线是在编织布线上加入覆膜，并在抽丝过程中加入多股尼龙线，其目的是充分利用布线的高拉力值和耐磨性，受尼龙线加入的影响，此线比一般布线柔软，回复性好。

（5）合成线。合成线包括沉水线、浮水线、中通竿用线。在尼龙线的制造过程中，成品添加其他素材，如添加浮水物质（浮水线），适用于矶钓；添加沉水物质（沉水线），适用于池钓；添加油性物质（中通竿用线）；以及树脂加工添加抗拉物质（投线）等。对合成线的测试包括：火燃，测试其碳素含量；拉直后摩擦，测试其耐磨性；测试回复的惯性；测试结线强度（受损性）。

（6）陶瓷线。陶瓷线是高强力钓鱼线的一种，是日本（桑莱印）株式会社新开发的钓鱼线。陶瓷线主要采用高分子聚合材料，首先在线体成型中对本体材料分子的间隙内填充特种树脂，提高线的抗拉强度和抗水性；其次在线体加第二层特种树脂，增强钓线的耐磨性；最后再加第三层特种树脂，再次提高线的抗水性。由于该线具有优良的抗拉强度、耐磨性，很低的结节破坏率，特别是具有一般钓线不具备的抗水性，不会或很少增加线体的重量，提高鱼讯反馈的灵敏性，因此人们称之为"陶瓷线"。

（7）引力线。引力线是以万有引力为概念的革新精研之作，因其具有密度大、切水快的特点，以受到地心引力般的瞬间入水感而得名。引力线严选高分子聚合材料，在线体第一道熔纺本体材料分子的间隙填充特种树脂，提高线的密度和抗拉强度；抽丝成型过程中，在线体材料分子的间隙填充第二种特种树脂，增强钓线的耐磨性；成型后，在外表进行第三层特种UV树脂处理，再次提高线的拔水性（对水的排斥）。经过多层复杂工艺成型后，引力线具有优良的切水性、抗拉强度与耐磨性，再加上外层UV树脂的保护，不增加线体的重量，是一种能持续保证鱼讯灵敏反馈的高科技钓鱼专用线。

聚乙烯线

聚乙烯线（PE线）多指用多股化纤编织后浸胶制成的钓线，俗称编织线、大力马（图2.32），优点是强度高。聚乙烯线的生产方式是将多条高密度聚乙烯制成微细纤维再以机器编织而成，其线体结构具有纤维规则交叉的纹路，相同拉力的情况下线径比尼龙线要细很多，因此能够投抛得更远。同直径的PE线直强拉力为尼龙线的2.5～3.5倍（没有吸水性，不用考虑吸水导致的强度降低）。

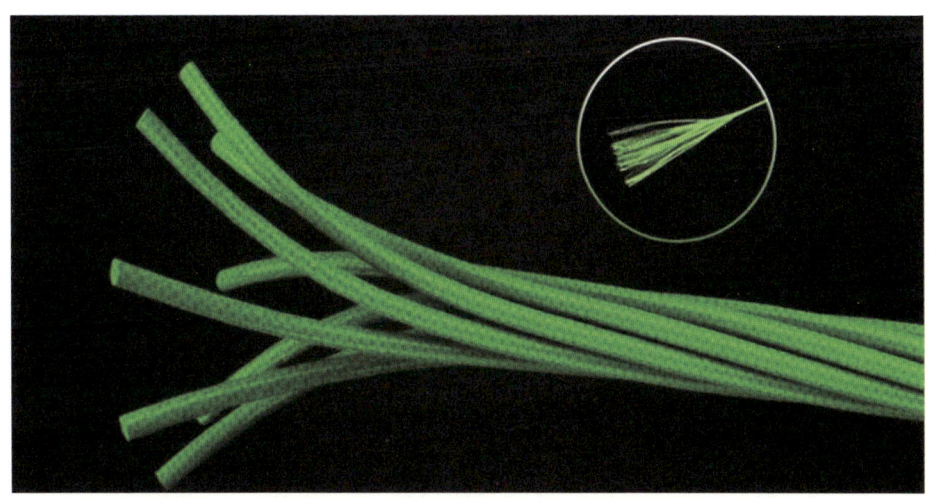

图2.32　聚乙烯线

PE线的特点：

（1）由于PE线是多股编制线，相比单丝尼龙线耐磨性较好。

（2）PE线的最大优势是强度高、线径细。很细的线径能降低抛投时的风阻，增加抛投距离，提高抛投的准确性。

（3）PE线的多股编织结构也提高了整体线材的耐磨性，但PE线表面没有尼龙线表面光滑，容易发生线杯卡死的现象。

（4）PE线最好装在纺车轮上使用，一般不在抛饵的水滴轮或者鼓轮上使用。

（5）PE线没有延展性，当其作为主线时需要搭配碳素前导线组合成完整的钓组，以增强钓组的隐蔽性和延展性。

2.12　为什么燃气管道用塑料管材代替传统金属管材？

市政燃气管道（燃气一般包括天然气、液化石油气及人工煤气）是指城市、乡镇、工业厂矿生活区范围内用于公用事业或民用的燃气管道（图2.33）。

图 2.33　燃气管道

随着社会的发展和人们环保意识的增强，清洁且实惠的管道燃气使用得越来越普遍，市政工程燃气管道的覆盖率也越来越高，燃气在人们生活中发挥着越来越重要的作用，进一步提高了我们的生活水平。不过，燃气也具有很大的风险，用于输送燃气的管材必须具有足够的机械强度、优良的抗腐蚀性、抗震性、气密性及易于连接等各项性能。选择正确合适的燃气管道材质，关系到广大人民群众的生命及财产安全。

图 2.34　钢质燃气管道

常用燃气管道包括铸铁管、钢管等金属管道（图 2.34）。随着材料技术的革新，塑料管材开始取代传统的金属管材，聚乙烯塑料管材在燃气管道中的应用优势凸显，该材料本身的特性及其相关技术能够满足燃气管道施工的密封要求，以其低温耐受性、低成本等优势解决了燃气管道建设中的诸多实际问题（图 2.35）。

图 2.35　聚乙烯燃气管道

燃气管道必须承受一定的压力，通常要选用分子量大、力学性能较好的聚乙烯树脂，例如高密度聚乙烯树脂。聚乙烯燃气管材产品属于国家大力提倡的化学建材，具有以下性能特点：

（1）耐腐蚀。聚乙烯是惰性材料，除少数强氧化剂外，可耐多种化学介质的侵蚀。无电化学腐蚀，不需要防护层。

（2）密封性好。聚乙烯燃气管道主要采用电熔连接，使管道系统一体化，与橡胶密封类接头或其他机械接头相比，连接可靠，不存在因接头扭曲造成泄漏的危险。

（3）高韧性。聚乙烯燃气管道是一种高韧性管材，其断裂伸长率一般为500%以上。对管基不均匀沉降的适应能力非常强，是一种抗震性能优良的管道。

（4）优良的挠性。对于小口径的聚乙烯燃气管道可以进行盘卷，以较长的长度供应，节省大量的接头和管件，可用于不开槽施工。聚乙烯燃气管道的走向容易依照施工方法的要求进行改变。

（5）密度小，重量轻，容易搬运和安装。

（6）使用寿命长，可达50年以上。

随着世界上第一条聚乙烯燃气管道的出现，聚乙烯燃气管道在欧洲和北美得到了迅速推广。聚乙烯燃气管道的独特经济优势和原料性能，管材和管件制造工艺、连接方法、连接机具以及运行中的维修手段等一系列问题，已经开始在实践中得到总结和完善。

我国聚乙烯燃气管道技术虽然起步较晚，但已基本掌握了聚乙烯燃气管道的生产和使用技术，引进了相当数量的国际一流生产线，形成了相当规模的生产能力，生产聚乙烯燃气管道的实力得到了进一步提升。

2.13 神奇的人工关节材料

人工关节是替代病变或损伤关节的植入物假体。人工关节材料除了需要满足生物相容性要求，还必须具有足够的耐磨损性能、力学性能和抗氧化性能。

超高分子量聚乙烯（Ultra-high Molecular Weight Polyethylene，UHMWPE）是一种分子量超过150万的半晶质高分子聚乙烯聚合物，由无定形的基质和镶嵌其中的晶体组成，具有优异的物理和力学性能。最值得注意的是其化学惰性、润滑性、抗冲击性和耐磨性。

超高分子量聚乙烯是在高密度聚乙烯后出现的,最早由德国赫斯特公司于1958年研制成功,其与骨科对材料的要求相契合,在骨科植入物方面得到了广泛应用(图2.36)。在过去的50年里,每年大约有300万个关节置换手术在世界各地进行,这些置换关节大部分都含有UHMWPE。

图2.36 人工髋关节及膝关节

人工关节用UHMWPE的分子量为200万～600万。UHMWPE分子式为$\{CH_2\text{—}CH_2\}_n$,密度为0.936～0.964克/厘米^3,热变形温度为85℃(0.46兆帕),熔点为130～136℃。UHMWPE作为人工关节最常用的材料之一,其优异的性能主要表现在:

(1)摩擦因数小,为0.07～0.11,可与聚四氟乙烯(PTFE)相媲美,是理想的自润滑材料;

(2)耐磨损性能极好,是目前耐磨损性能最好的工程塑料之一;

(3)耐冲击性能也很好,其抗冲击强度是以耐冲击而著称的聚碳酸酯(PC)和ABS塑料的5倍、聚甲醛(POM)和聚对苯二甲酸丁二酯(PBT)的10倍;

(4)耐各种化学药品的腐蚀,且吸水性极低,几乎不吸水,在水中不膨胀。

UHMWPE用于人工关节源于英国的约翰·查恩雷(John Charnley)。20世纪50年代,查恩雷通过一系列关节摩擦实验,得出自然关节性能良好的原因是其较低的摩擦系数，提出基于界面润滑理论的关节假体设计思想。1958—1960 年，查恩雷选择低摩擦系数的聚四氟乙烯（PTFE）作为人工髋关节假体材料，但是短短几年之后就发现 PTFE 髋臼发生了严重磨损。在 PTFE 髋臼杯植入失败后，查恩雷完全放弃了利用聚合物作为髋关节假体，但是 1962 年 5 月，查恩雷的助手哈里·克拉文（Harry Craven）在查恩雷参加会议期间，一个偶然的机会，将之前未被其重视的超高分子量聚乙烯放入磨损试验机中，结果超高分子量聚乙烯在 3 周的磨损试验后，其耐磨性超过了所有人的想象。最终，查恩雷在 1962 年 11 月开始将 UHMWPE 应用于临床。

早期使用的医用高分子聚乙烯是由乙烯气体聚合形成的大分子碳链聚合物，在有氧环境下灭菌易发生氧化，导致分子量降低，材料脆化，力学性能下降。20 世纪 90 年代之后，UHMWPE 成品的灭菌从有氧改为无氧或乏氧环境中的 γ 辐射。

虽然改变灭菌环境使自由基氧化问题有所改善，但是关节置换术后出现了骨质溶解和磨损等问题，限制了 UHMWPE 的使用寿命。1998—1999 年，通过高剂量 γ 射线或电子束辐射制造的第一代高交联聚乙烯（Highly Cross-linked Polyethylene）的出现，使 UHMWPE 耐磨性得到很大的改进。

但高辐射剂量会使高分子的结晶度下降，材料变脆，抗疲劳性下降。为此又在第一代高交联聚乙烯的制作工艺中引入了维生素 E，第二代高交联聚乙烯应运而生。将维生素 E 引入制作过程，使得 UHMWPE 在改进抗氧化性的同时保持了良好的耐疲劳性和耐磨性。

2.14 四季常青的人造草坪

人造草坪，顾名思义就是纯人工产品，区别于天然草，人工草坪是将聚酰胺（PA）、聚丙烯（PP）、聚乙烯（PE）材质拉成的草丝与 PP 网格布通过织草机缝到一起，然后再通过丁苯胶，使两者复合到一起。可以这样理解，人工草坪是具有天然草运动性能的化工制品（图2.37）。

图2.37 人造草坪

人造草坪按生产工艺分为注塑人造草坪和编织人造草坪。注塑人造草坪采用注塑工艺，将塑料颗粒在模具中一次挤压成型，并用打弯技术将草坪弯曲，使草叶等距、等量规律排布，草叶高度完全统一，适用于幼儿园、运动场、阳台、绿化等方面。

编织草坪是将仿草叶状的合成纤维植入机织的基布，背面涂上起固定作用的涂层，这种人造草坪可用于运动场、休闲场地、高尔夫场地、庭园地坪和绿化地面。

人造草丝原料分类

人造草丝的原料多以聚乙烯（PE）和聚丙烯（PP）为主。片叶上着以仿天然草的绿色，并需加紫外线吸收剂。

聚乙烯：手感更为柔软，外观和运动性能更接近天然草，被用户广泛接受，是目前市场上使用最广泛的人造草纤维原材料。

聚丙烯：草纤维较硬，一般适用于网球场、操场、跑道或装饰等用途，耐磨性稍微差于聚乙烯。

尼龙：是最早的人造草纤维原材料，属于第一代人造草纤维，草丝柔软，脚感舒适。

■ 人造草丝种类分类

（1）根据草丝的长度。人造草坪草丝长度为32~50毫米的将其归为长草；长度为19~32毫米的将其归为中草；长度为6~12毫米的将其归为短草。

（2）根据草丝的形状。人造草坪的草丝有钻石形、S形、C形、橄榄形等。钻石形状的草丝寿命长达10年以上，外观上采用四面无眩光的独有设计，仿真度高，最大限度地与天然草相吻合。S形草丝之间是相互折叠的，这样整体草坪可以更大程度减少与接触者的摩擦，进而减轻摩擦损伤。呈卷毛状的草毛呈现圆圈形，草丝之间抱得更加紧密，如此可以大大减少草丝方向阻力，令运动路线更加顺畅。

（3）根据草丝的生产地。人造草坪草丝有国产的，也有进口的。很多人会误认为进口的一定要比国产的好，这样的想法其实是错误的，要知道，中国如今的人造草坪生产技术与国际相比有过之而无不及，全球比较好的造草企业，三分之二在中国，因此大家没有必要花费高价格买进口的，选择正规的国内厂家，物美价廉，更经济实惠。

（4）不同草丝适合的场所。不同的草丝适合的场所存在差别。一般长草丝多应用于足球比赛、训练场，原因是长草距离基层更远，另外运动草一般都是填充型草坪，需要填充石英砂和橡胶颗粒等辅助材料，这样相对有更好的缓冲力，可以大大减少与运动员的摩擦，减轻运动员跌倒等受到的擦伤，可以更好地保护运动员；中草丝打造的人造草坪有不错的弹性，比较适合做网球场地、曲棍球的国际比赛场地；短草丝减少摩擦力的能力弱一些，因此更适合相对安全的运动项目，如网球场地、篮球场地、门球场地、游泳池周边、美化装饰等。此外，单丝的草丝更适合足球场地，网状草丝更适合草地滚球运动等。

2.15 医用防护服

防护服是一种防护用品,是用来免除物理、化学和生物等外界因素对人体伤害的一种服装。防护服具有防渗透、透气性好、强度高、高耐静水压等特点,主要应用于工业、电子、医疗、防化、防细菌感染等环境。防护服材料常因防护目的、防护原理不同而有差异,从棉、毛、丝、铅等天然材料,橡胶、塑料、树脂、合成纤维等合成材料,到当代新功能材料及复合材料等。防护服种类包括消防防护服、工业防护服、医用防护服、军用防护服和特殊人群使用防护服。医用防护服是指医务人员(医生、护士、公共卫生人员、清洁人员等)及进入特定医药卫生区域的人群(患者、医院探视人员、进入感染区域的人员等)所使用的防护性服装(图2.38)。医用防护服按照用途和使用场合,可以分为日常工作服、外科手术服、隔离衣和防护服;按照使用寿命,可以分为一次性防护服和重复使用性防护服;按照材料的加工工艺,又分为机织类防护服和非织造布类防护服。根据不同的用途,医用防护服生产和检测所执行的标准也不同。

图 2.38 医用防护服

医用防护服的结构及要求

医用防护服由连帽上衣、裤子组成,可分为连体式结构和分体式结构(图2.39和图2.40)。

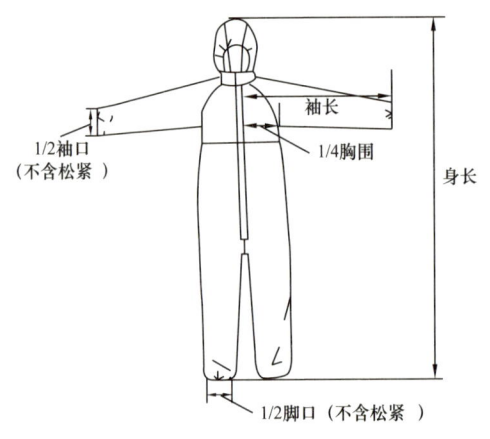

图2.39 连体式结构防护服

医用防护服结构应适合人体,设计合理,穿衣和脱衣要方便,每一个结合部位要严密,袖口、脚踝口采用弹性收口,帽子面部收口及腰部采用弹性收口、拉绳收口或搭扣。拉链收口或搭扣要严密,此外还需外置黏条加强密封性。医用防护服的表面要求干燥不湿润,干净整洁,没有水迹霉菌斑,不允许有粘连以及破裂缝、孔洞等肉眼可见的可以穿透物质的缺陷。防护服的连接部分可以采用针缝、粘接或热合等加工方式,针缝的针孔密封处理,针距每3厘米应为8~14针,针脚走线要均匀、平坦,不得有跳针。粘接或热合加工后的处理部位应平整、密封,无气泡。防护服的拉链不能露出来,拉链滑块必须具有自锁功能,以确保滑块不会自动滑落。

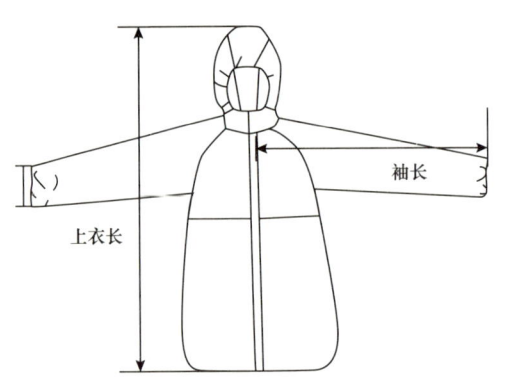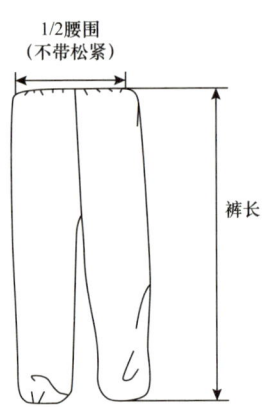

图2.40 分体式结构防护服

医用防护服的材料

医用防护服的面料主要采用聚乙烯纤维制备而成。聚乙烯是乙烯在催化剂作用下，通过聚合反应得到的一类高分子材料。在高温高压条件下，将聚乙烯溶于适当的溶剂中形成纺丝液。由于纺丝液在喷丝孔处压力突然降为常压，溶剂急剧蒸发，引起聚合物高度原纤化而形成超细纤维丛丝，然后利用静电场的作用使纤维彼此分隔保持单根状态，通过黏合固结工序，叠合200多层纤维网，然后经热轧制成聚乙烯纤维非织造布。

医用防护服的防护原理

病毒的尺寸一般介于30～300纳米，但其无法独立存在，一般以体液、血液和飞沫等液体以及气溶胶和悬浮的微颗粒等作为载体，间接与人体接触，因此，液体阻隔主要针对体液、血液、油剂、酒精和飞沫等的润湿与渗透；气溶胶阻隔主要是阻止空气中悬浮及分散的微小固/液颗粒的穿透。医用防护服的聚乙烯非织造布是由不同直径的纤维堆砌而成，长短不一的小纤维组成纤维丛丝，纤维丛丝无规律地连接与分离，形成杂乱且致密的三维网络状纤维膜，构成类似纸一样的片基。

闪蒸法聚乙烯非织造布结构致密，表面平滑，另外通过选择相应的副溶剂，还可起到降低高聚物表面张力的作用，因此，其具备优异的疏水性且表面张力较低，液体能在其表面呈珠状，从而阻隔液体的润湿与渗透。

气溶胶阻隔机制主要分为表面防护和内部截留，如图2.41所示。其中，表面防护作用包括机械截留、静电吸附截留、架桥截留；内部截留作用是指当直径较小的颗粒以一定的速度冲击到材料内部时会与纤维产生碰撞，受到阻力后滞留于孔隙内。闪蒸法聚乙烯纤维直径小，加之结构致密，整体阻隔性能良好。

加快研发防护服，为医护人员提供保护罩

为了应对高致病性禽流感、甲型H1N1流感、埃博拉出血热等高传染性疾病，全球医护人员冒着被感染的风险奋战在前线，由于工作繁重，时间

紧迫，防护服一穿就是十几个小时，真可谓"为疫消得人憔悴"。闪蒸法聚乙烯非织造布技术一直被美国杜邦公司垄断，近年来，各研发机构加快研发防护服制造技术，东华大学与企业合作研发了瞬时释压纺聚乙烯微细纤维技术，打破了美国杜邦公司60年技术和市场的垄断，建成年产2000吨生产示范线，生产出了符合国家标准的连体防护服，其具有高透气阻隔性和更优的耐磨性能，可为医护人员提供保护罩。

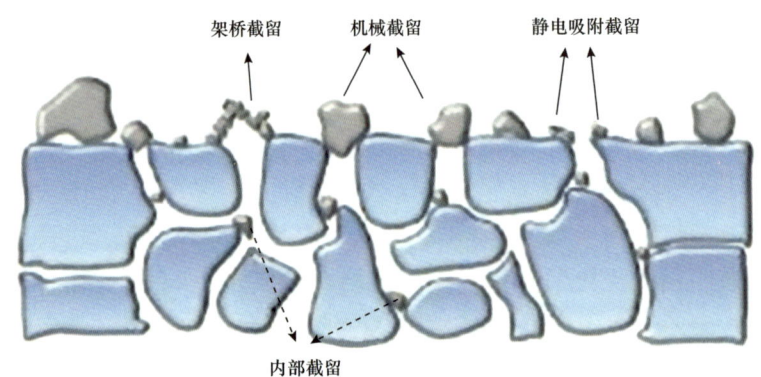

图 2.41　防护服对气溶胶的阻隔原理

2.16　口罩替我挡病毒

口罩是一种卫生用品，一般戴在口鼻部位用于过滤进入口鼻的空气，以起到阻挡有害的粉尘、气体、飞沫、病毒等物质进入人体的作用，常以纱布、纤维等材料制成。在雾霾、沙尘暴、病毒暴发的季节，戴口罩有助于保护身体健康。对花粉过敏的人群，戴口罩也有助于减轻症状。口罩对医护人员来说是日常工作中必不可少的防护手段之一。口罩种类繁多，根据用途的不同，口罩分为医用口罩、日用防护型口罩、防尘口罩、防油烟口罩、普通纱布口罩等。医用口罩又可分为医用防护口罩、医用外科口罩和一次性使用医用口罩。从口罩的构造来分，口罩分为一次性、复式半面具和全面具三种。根据用途不同，口罩生产和检测所执行的标准也不同。下面主要介绍满足国家标准 YY 0469—2019《医用外科口罩》的医用外科口罩。

口罩的组成

医用外科口罩由滤布、耳带和鼻梁条组成，其中起隔离、过滤作用的滤布是口罩组成的关键部分。滤布由具有透气、吸附功能的多孔纤维材料制作而成。医用外科口罩滤布主要有蓝色（绿色）外层、白色中间层和白色内层三层结构。蓝色（绿色）外层具有阻水作用，表面经过了特殊处理，可以阻止水分进入口罩。白色中间层是最重要的防护层，带有静电，是由无数纤维交织在一起形成具有一定孔径大小的纤维层，可以通过物理过滤和静电吸附双重作用过滤掉进入口罩的空气中包含的灰尘、病毒等颗粒物杂质，保持空气的洁净度。白色内层滤布有吸潮作用，即吸收佩戴者释放出的液体和湿气，避免因水分渗透口罩而影响其防护的效果。医用外科口罩的内层还有助于防止咳嗽时咳出的飞沫进入周围环境中，从而减少自己的唾液和呼吸道分泌物喷溅到他人。内层多选择透气性能好的材质，细腻柔软，舒适感好。

口罩的材料

医用防护口罩的内、中、外三层面料都主要采用聚丙烯材料制备而成。聚丙烯是将石油裂解产生的丙烯单体原料在一定的催化剂作用下，通过聚合反应得到的一类高分子材料。在一定温度下（200～270℃），将聚丙烯材料熔融变成具有流动性的类似液体的聚合物熔体，让聚丙烯熔体通过细小的微孔，在流动状态下喷射出来，并辅助以高速气流进行牵伸，得到不同粗细的纤维，在接收网上铺网形成一定厚度的纤维布。根据温度的大小和气流的速度可以调节纤维的粗细，纤维越细，形成的纤维层越致密，纤维之间的空隙越小；纤维越粗，形成的纤维层越疏松，纤维之间的空隙越大。医用防护口罩外层和内层的纤维直径一般为 20～40 微米（人的头发丝直径约为 70 微米）。中间层滤布称为熔喷布，是采用熔喷加工方式（图 2.42）得到的纤维布，纤维直径一般为 1～8 微米，远小于头发丝的直径。

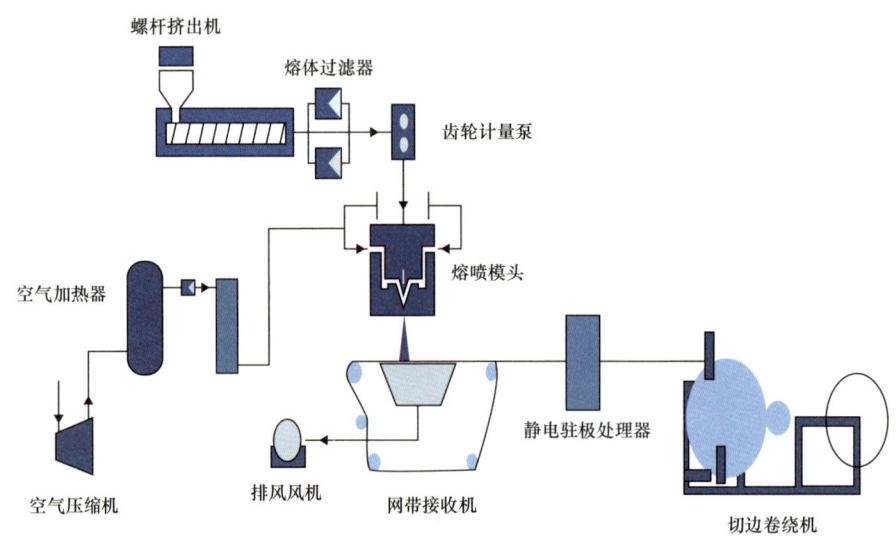

图 2.42　熔喷布加工示意

📖 口罩防护原理

口罩的滤布实际上是由各种直径大小不一的纤维堆砌而成的纤维层。纤维层之间有大量的空隙，可以过滤直径大于空隙的颗粒物质，如灰尘、花粉等大颗粒物质。熔喷布生产过程中，在聚丙烯原料中添加一定的静电母粒，在电场的作用下使熔喷布带上正负电荷，这些静电可以高效吸附空气中带电荷的病毒粒子，以阻止其进入人的口中。含有病毒的飞沫靠近熔喷无纺布后，会被静电吸附在无纺布表面，无法透过。因此，口罩的良好过滤效果是物理过滤和静电吸附双重作用的结果（图2.43）。

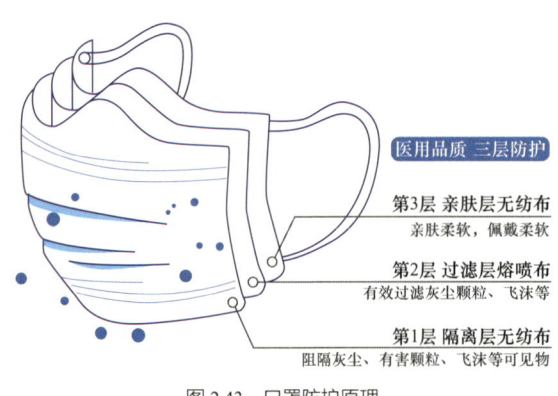

图 2.43　口罩防护原理

口罩是预防新冠肺炎等呼吸道传染病的重要防线。正确佩戴口罩，既是保护自己的必要措施，又是尊重他人的文明表现。平时有发热、咳嗽、打喷嚏等感冒症状的人员，都要自觉佩戴口罩。

2.17　一次性医用注射器和输液袋

近年来，注射器产业在国内的发展速度进一步加快，产品出口数量也在不断提升，注射器不仅可以自给自足，还能够出口销售到世界各国。注射器是一种常见的医疗用具，随着医疗技术的不断发展，最初采用的玻璃注射器已逐渐被一次性医用注射器所代替；人们日常生活中最常见的注射器主要是由塑料制成的，塑料注射器的处理成本低，也是一次性使用，以减少疾病传播的风险（图2.44）。

图 2.44　一次性注射器有效减少疾病传播风险

（气泡）一次性注射器用于皮下、肌肉、静脉注射药液、抽血或溶药，有效地减少疾病传播的风险。

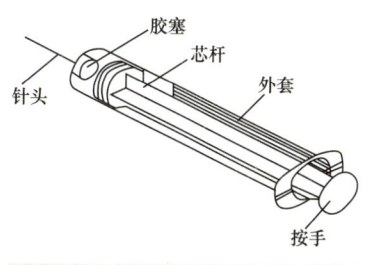
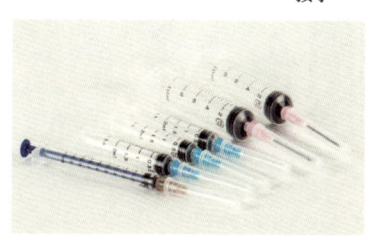

图 2.45　一次性医用注射器结构和实物图

一次性医用注射器

一次性注射器分为三件式和两件式，三件式结构由芯杆、胶塞、外套三件及注射针、外包装组成，两件式结构由芯杆、外套及注射针、外包装组成（图 2.45）。注射器外观上应清洁，无微粒和异物，管壁光滑无毛边、毛刺、塑流等缺陷，管套有一定透明度，刻度清晰精确，内壁与活塞密封良好，无明显溶液汇集。医疗过程中根据用途不同，常见的一次性医用注射器有 1 毫升、2 毫升、5 毫升、10 毫升、20 毫升、50 毫升、100 毫升等。

一次性医用注射器主要由医用透明聚丙烯制成，在洁净度等方面较通用聚丙烯有着更严苛的品质要求，需取得相关认证，须有良好的生物相容性；满足多种灭菌选择（高压蒸汽、环氧乙烷、伽马射线等）；具有良好的透明度、光泽、优越的刚性与抗冲击性平衡、最低扭曲性及良好的低温耐冲击性。

输液袋

输液袋是指用于药液或营养液储存，或注入后储存，通过输液器和静脉内器械（如中心静脉导管）连接向体内输入的医疗器械或医药包装袋，一般由高分子材料制成。

我国大输液市场中软袋包装输液产品为非 PVC 软袋，包装形式有直立式软袋、单阀软袋（输液瓶）、双阀软袋、聚烯烃多层复合型输液袋等（图 2.46）。输液软袋为不产生负压的自收缩输液袋，包括袋体和袋体两端形状固定的袋口和袋底。输液时，随着药液流出输液袋，袋体的体积自动被大气压压缩，由于袋体内完全相通，所装液体能全部流至袋口的输液袋，输液过程中不会产生负压，不会引起回血。

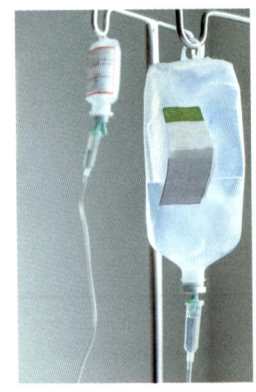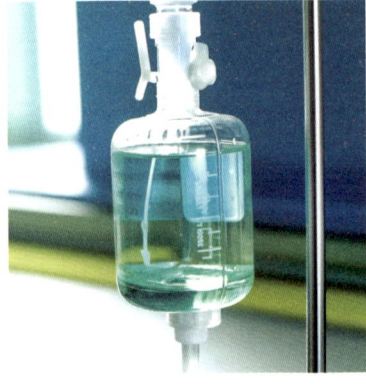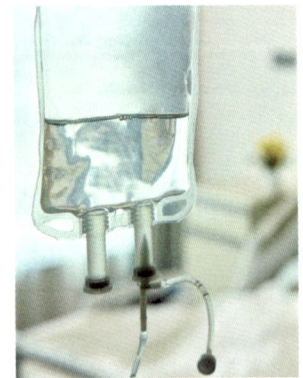

图 2.46　输液软袋包装形式

大输液根据功能可以分为基础性大输液、营养性大输液和治疗性大输液。基础性大输液主要包括5%及10%的葡萄糖大输液、0.9%的氯化钠大输液、复方电解质葡萄糖输液等。营养性大输液主要包括氨基酸大输液、白蛋白大输液和脂肪乳大输液等。治疗性大输液包括血容量扩容剂（代血浆等）、透析液、脑循环液、抗生素大输液等。

输液软袋、聚烯烃多层复合型输液袋主要材质为医用洁净聚丙烯，产品加工中不含任何增塑剂，包材与药液接触无任何反应，无吸附现象，无玻璃瓶的析碱现象，具有无毒、无味、化学稳定性好、耐腐蚀、耐药液浸泡、耐高温等优点，适宜运输和储存。废袋焚烧以后的分解物无毒性，完全避免了医疗垃圾对环境的污染和危害，是环境友好型产品。

聚丙烯直立式输液瓶是在净化条件下，具体流程为利用注塑模具将医用聚丙烯注塑成袋坯，将吹塑模具进行预热，再对袋坯进行预热，对预热后的袋坯进行吹塑，形成直立式输液瓶，完成对药液的填充灌装及封口，进行高温灭菌操作。直立式输液袋满足使用安全、操作便捷及特殊条件下可空投性临床需求。

聚烯烃多层复合型输液软袋由多种聚丙烯原料在100级洁净条件下，经多台挤出机挤出，通过环状模头形成膜泡，由水浴进行骤冷，经过膜泡稳定装置和人字板后进行干燥、收卷，除静电及真空除尘，印刷产品名称及规格，拉膜且热封合，打制吊孔并切割成形，真空吸料转运，软管与软袋定位热合制成软袋、填机灌装药液，然后封口。

2.18 可以用微波炉加热的塑料饭盒有哪些？

塑料饭盒是人们日常生活中很常见的一种家用塑料制品，是外出野餐或远足不可或缺的塑料容器，外形美观，耐热性能好，方便携带，因此是不少消费者家居必备的物品。

微波炉加热原理

首先，从微波炉加热原理说起。一些物体内部含有可自由振荡的有电极性的分子，在高频振荡的微波电磁场作用下，内部的自由电极性分子会随电磁场的振荡而振动（尤其是水分子，对微波响应强烈），于是物体的内能迅速增加，通俗来讲就是变热了。因此，那些本身就含有自由极性分子的食物可以被微波直接加热；而其他食物只要与水均匀混合，也可以间接地被微波加热。

微波炉用器皿的材质要求

微波炉使用时要求器皿具有耐寒性、耐热性、耐油性和卫生性，因此目前只有3种材质可以使用微波炉加热，分别是玻璃微波炉饭盒、陶瓷微波炉饭盒和塑料微波炉饭盒。

（1）玻璃微波炉饭盒。主要由硼硅酸玻璃、微晶玻璃、氧化钛结晶玻璃制成，由于其微波穿透性能比较好，物理化学性能稳定，耐高温（可达500℃，甚至1000℃），因此玻璃微波炉饭盒适宜在微波炉中长时间使用。

（2）陶瓷微波炉饭盒。一般有耐热陶瓷和普通陶瓷之分。耐热陶瓷制成的煲、盘等器皿，比较适合在微波炉中长时间使用，而普通陶瓷器皿只能短时间加热使用。特别要注意的是，含有金、银线的陶瓷器皿，在微波炉中使用时会出现火花，因此不建议使用。

（3）塑料微波炉饭盒。聚丙烯、聚酯、聚砜等材料制成的各类器皿，耐温达120℃以上，可以在微波炉中加热。

聚丙烯微波炉饭盒

普通塑料饭盒禁止在微波炉中使用：一是热的食物会使塑料饭盒变形；二是普通塑料饭盒会放出有毒物质，污染食物，危害人体健康。因此，在给食物加热时，应使用专门的塑料微波炉饭盒。

仔细观察每种塑料制品的底端，发现都有一个带箭头的三角形标志，意为"可再生"标志，三角形内还有阿拉伯数字1~7。不同数字，代表着这种塑料材质的不同性能和不同用途。数字1~7分别代表该塑料的材质分别为PET（聚对苯二甲酸乙二醇酯）、HDPE（高密度聚乙烯）、PVC（聚氯乙烯）、PE（聚乙烯）、PP（聚丙烯）、PS（聚苯乙烯）和OTHER（其他类），如图2.47所示。

塑料饭盒常用的材料一般为PET（1）、PE（4）、PS（6）和PP（5）等，其中只有PP材质可耐温100℃以上，可以用于微波炉加热，其他塑料饭盒耐热程度均低于100℃，用于微波炉加热不仅会变形，而且容易产生有害物质和释放有毒气体（图2.48）。PP餐盒生产

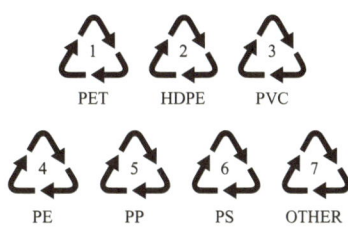

图2.47 不同塑料材质标识

成本低、耐高温、抗压性好、外观美观等优势突出，成为一次性餐盒的主流选择。据不完全统计，PP餐盒市场占比为60%~70%，随着外卖需求增加，PP餐盒需求量与日俱增。

图2.48 塑料饭盒

2.19 你知道日用小家电外壳材料是什么吗？

近年来，随着科技的发展与进步，人们的生活水平逐渐提升。其中，家用电器使人们从繁重、琐碎、费时的家务劳动中解放出来，为人们创造了更为舒适优美、更有利于身心健康的生活和工作环境，提供了丰富多彩的文化娱乐条件，以电饭锅、电热水壶、空气炸锅为代表的日用小家电已经成为现代家庭生活的必需品。更多的人追求健康、均衡的饮食习惯，享受使用日用小家电带来的便利与幸福。

豆浆具有美白皮肤、减少皱纹、抗老防衰、益智延年的功效，相较超市的豆浆粉、早餐店兑水的豆浆，使用豆浆机为自己准备一杯热腾腾的现磨豆浆成为很多家庭的生活习惯，是越来越多家庭必备的厨房电器。

以豆浆机为代表的小家电在使用过程中，长期接触水、油、盐等易腐蚀介质，而且在高温下使用，易出现老化、光照褪色、变色而失去光泽的情况，要求这类产品外壳材料具有外观表现力强、耐刮擦性好、易加工、性价比高等特点（图 2.49）。同时，为了促进小家电向低噪声、节能环保、营养健康、智能物联、便捷易用、人性化、时尚化工业设计趋势发展，对材料提出更高的要求。小家电外壳常用的材料主要包含以下 5 种，它们各自具有一定的性能优势：

图 2.49 豆浆机外壳所用的几种材料

ABS（丙烯腈—丁二烯—苯乙烯共聚物）：光泽度较高，易喷涂，但耐温不高。

PP（聚丙烯）：成本低，耐温性好，密度低，加工性能优异。

PC（聚碳酸酯）：强度高，透明性好，但容易开裂。

PC/ABS 合金：综合性能优异，但价格较高。

目前，豆浆机外壳材料主要为 PP。首先，PP 的密度低，具有优良的耐化学性、力学性能及加工性能；其次，PP 材质的安全度要高于 PC 材质，而且 PP 材质具有非常好的耐热性能。作为豆浆机外壳的主要材料，PP 密度为 0.81～0.91 克/厘米^3，较低的密度弥补了 ABS、PC 等其他合成树脂密度大的缺点，有利于促进豆浆机轻量化的发展。同时，在五大通用塑料［PE、PP、PVC、PS（聚苯乙烯）、ABS］中，PP 的耐热性最好，PP 的热变形温度可以达到 100℃以上，可在 100～120℃下长时间使用，在无外力作用时，PP 制品被加热至 150℃也不会变形，在豆浆机煮沸豆浆的过程中，不会存在外壳老化或者变软的情况；其次，PP 优异的力学性能，使得豆浆机在搬运过程中不会因碰撞而造成外壳损伤。更为重要的是，PP 为非极性聚合物，介电常数、介电损耗因数小，介电强度高，不受频率及温度的影响，具有良好的电绝缘性，且 PP 吸水性极低，电绝缘性不会受到湿度的影响，有利于 PP 在湿、热环境下使用。

总的来说，作为豆浆机外壳的主要材料，PP 以其优良的耐热性、力学性能及化学稳定性为人们的健康饮食保驾护航。

2.20 不沾油的洗碗布

洗碗布是家庭的必备物品。我们都知道洗碗布在洗碗的时候容易残留污渍，所以选择一块好的洗碗布能给自己和家人带来健康。根据材质的不同，洗碗布主要有纯木纤维类、棉织类、化纤类、高分子材料类和钢丝球类等。在吸水及排油去污能力方面，纯木纤维材质的洗碗布具有极强的吸水性及排油去污能力，而且不容易沾油，同时在使用后的清洗上也很方便；棉织类洗碗布吸水吸油性比较好，但容易滋生细菌，使用一段时间后，会变得越来越滑腻，且不便于清洗；化纤类洗碗布对餐具的清洗效果比较好，但吸水性不足，且不容易清洗掉油污，长期使用后一些细小的纤维会从其中脱落而沾染到餐具上，易对人体产生一定的危害；高分子材料类洗碗布（如海绵）比较柔软、吸水性强、弹性好，抗腐蚀的能力也比较强；钢丝球也可以用来洗碗，结合洗洁精，清洗效果也比较好，缺点是使用时间长了以后，钢丝球上的一些碎屑容易附在餐具上，如果清洗不干净，这些碎屑一旦进入人体，会滞留在胃肠道内，长期积累下去，有可能会引起相关疾病。无纺布是高分子材料类洗碗布中的一种，具有卫生、清洁、吸水性强、无毒素、柔软耐洗、不易生菌、一擦即净的功效。

无纺布是一种非织造布，它是直接使用高聚物切片、短纤维或长丝，将纤维通过气流或机械成网，然后经过水刺、针刺或热轧加固后整理形成的无编织的布料。无纺布柔软、透气，优点是不产生纤维屑，强韧、耐用、丝般柔软，也是增强材料的一种，而且还有棉质的感觉。无纺布生产用纤维主要是丙纶（PP）、涤纶（PET），还包括锦纶（PA）、黏胶纤维、腈纶、乙纶（HDPE）、氯纶（PVC）。在制作工艺方面，无纺布又可分为纺黏无纺布、熔喷无纺布、水针无纺布。其中，聚丙烯熔喷无纺布具有吸附病菌与有害物质的功能（图2.50）。因此，使用聚丙烯熔喷无纺布制成的洗碗布具有优良的抗菌性、无毒性、透气性，柔软轻便，环保耐用。而且，聚丙烯熔喷无纺布具有塑料制品所不具有的环保性能，其被自然降解的时间远远低于塑料袋，因此采用无纺布做成的洗碗布也被公认为是最经济实惠的环保日用生活用品。

再来看聚丙烯熔喷无纺布洗碗布不沾油的原理，聚丙烯分子链不含极性基团，与油的亲和性好，几乎不吸水，密度小，很轻，吸油后

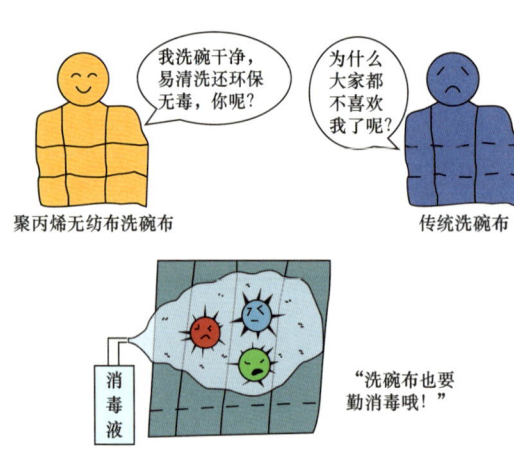

图2.50 聚丙烯洗碗布的优势示意图

悬浮性好，同时熔喷法制备的无纺布纤维直径在 5 微米左右，纤维间形成相互贯通的多孔结构，孔隙率高达 70% 以上，是一类比较合适的吸油材料。目前，聚丙烯熔喷无纺布的吸油倍数多为自身质量的 10～20 倍。若想进一步提高聚丙烯熔喷无纺布的吸油性能，一种办法就是进一步降低无纺布纤维直径，甚至到纳米级别；另一种方法就是在聚丙烯熔喷纤维中引入多孔结构，提高比表面积。

怎么正确给洗碗布清洁消毒呢？看似不起眼的洗碗布，每天都要和碗筷亲密接触，肉屑、菜渣、油污的残迹，或多或少地都会遗留在洗碗布上。美国佛罗里达州立大学环境工程系的研究人员称，20% 的洗碗布内都隐藏着如大肠杆菌、沙门氏菌等足以导致疾病的细菌。特别是夏天，部分清洁不够的洗碗布更会滋生大量细菌，让餐具在洗涤过程中因为与洗碗布接触而"交叉感染"。虽然，很多人在洗完碗后都会将洗碗布清洗干净，但经过几个或十几个小时的放置，洗碗布上又会滋生很多细菌。这是因为潮湿的环境很容易让空气中的浮尘、细菌等落在洗碗布上，滋生新的细菌；洗碗布上本身存留的污渍也是一个细菌源头。有调查显示，用肥皂或洗洁精清洗过的洗碗布，20% 的细菌仍会存留，而经过 6 个小时的放置，细菌数又会增加一倍。因此，除将洗碗布清洗干净外，应将其放在通风处晒干，避免滋生细菌，再次使用时也应该清洗和消毒。常用的消毒方法有开水蒸煮、消毒液浸泡、消毒柜臭氧杀毒、微波炉消毒等。如果是天天使用洗碗布，为了更好地保障家人健康，建议一个月更换一张洗碗布。

2.21 净水有真"芯"——净水器滤芯

水是生命之源，饮用水与我们健康息息相关。家里水阀放出的自来水含有的杂质通常超乎大家的想象，使用净水器能够更好地保障我们的饮用水安全。

净水器最大的作用就是通过多重过滤，滤除自来水中可能存在的有害微

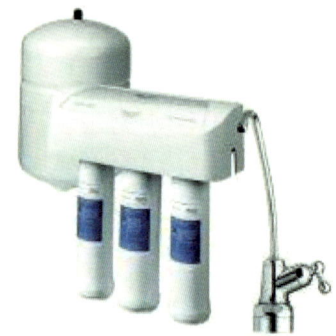

图 2.51　家用净水器

生物及各种杂质（图 2.51）。安装使用净水器后，自来水将流经净水器的多重滤芯，由大到小逐级滤除水中杂质，使水质得到有效的净化。

家用净水器是由不同材料、工艺的滤芯组成的，每种滤芯有其特定的去除污染物作用。滤芯是家用净水器的核心部分和主要耗材，滤芯质量的好坏直接影响净水器的水处理效果。目前，市面上家用净水机一般采用 5 级过滤系统，用到的滤芯有 PP 棉滤芯、活性炭滤芯、反渗透滤芯和后置活性炭滤芯（图 2.52）。其中，第一级过滤使用的 PP 棉滤芯又称熔喷聚丙烯（纤维）滤芯，可以拦截大颗粒杂质，如水中较粗的颗粒、悬浮物和泥沙等。

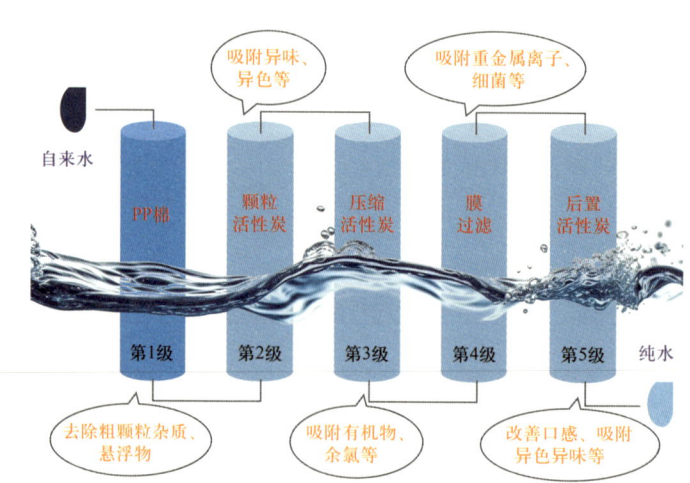

图 2.52　五级家用净水器过滤流程

熔喷聚丙烯滤芯是怎么获得的呢？熔喷聚丙烯滤芯是通过特殊的熔喷工艺制得的管状滤芯。聚丙烯熔融后，其纤维束从一个可拆换的喷丝头喷出，经高热空气流载送成扇形状纤维瀑布喷射，并由接收装置上的接收辊连续不断缠绕，最后成型滤芯。其过滤层上的纤维按照相反螺旋方向进行隔层交叉，构成迷宫式过滤孔道（图2.53）。

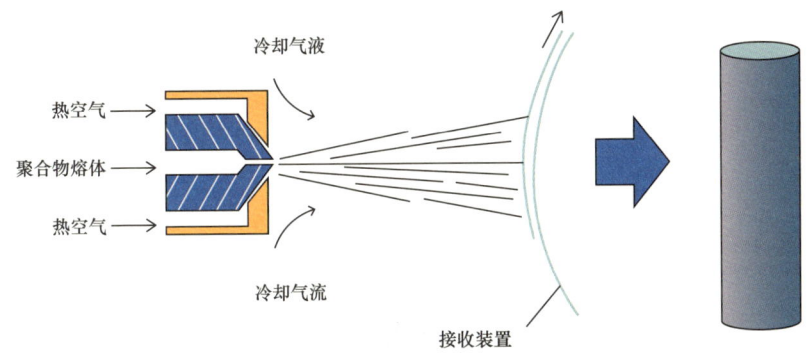

图2.53　熔喷非织造工艺示意图

熔喷聚丙烯滤芯又是如何实现过滤的呢？熔喷聚丙烯滤芯外形为一中空管体，外层纤维粗，内层纤维细，具有外疏内密的"梯度"结构（图2.54）。滤芯管壁厚度即过滤层厚度，过滤层可分为精滤层、纳污层和紊流面三个主要层次。精滤层的孔径被称为公称孔径，用以表示过滤精度，目前市面上常见过滤精度为5微米。

过滤时，原液体从滤芯外圆表面进入，大于公称孔径的悬浮颗粒被精滤层筛滤截留，滤液从内圆表面流入中心集液腔而被引出。紊流面是滤芯的外表面，其具有的沟纹结构创建了悬浮液在沟纹阶梯处发生涡流紊动的水力条件，防止悬浮颗粒在滤芯外表面堆积成滤饼。纳污层中迷宫式过滤孔道增大了纳污量，其纤维对悬浮颗粒的黏附和沉积，也起到减轻精

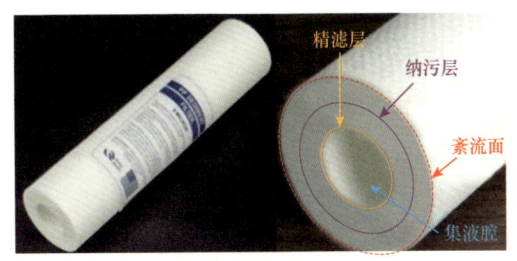

图2.54　熔喷聚丙烯滤芯结构示意图

滤层负荷、延长滤芯过滤周期的作用。

熔喷聚丙烯滤芯有以下特点与优势：（1）滤芯的孔径致密均匀，过滤精度高；（2）强度大，聚丙烯纤维的湿强度与干强度相近，能满足过滤液体的使用要求，当进出口压差为0.4兆帕时，滤芯也不变形；（3）过滤阻力小、滤液流量大、滤层纳污量大、滤芯使用寿命长；（4）自身洁净度高，过滤时不会污染水质，不会出现泡沫，也不会有短纤维脱落；（5）原材料来源丰富，价格低廉；（6）使用温度高达100℃，且耐酸、碱等化学试剂及有机溶剂的化学腐蚀。

使用净水器滤芯也有一些注意事项。在选用净水器滤芯时，应根据过滤液体所含杂质选用合适规格与精度的滤芯。安装滤芯时，如发现过滤水污染，应检查滤芯是否歪斜，两端是否严格对齐、压紧。如果滤芯上面的杂质和微生物吸附过多，过滤压力上升到限定值时，反而容易污染水，此时应对滤芯进行清洗或更换（图2.55）。一般3~6个月便需对熔喷聚丙烯滤芯进行清洗或更换。

图2.55　滤芯清洗、更换提示

2.22　为什么选择塑料制作汽车保险杠？

汽车前后端装有保险杠(bumper)，不仅有装饰功能，更是吸收和缓和外界冲击力、防护车身及乘员安全的装置。从安全上看，汽车发生低速碰撞事故时，保险杠能起到缓冲作用，保护前后车体；在与行人发生事故时，可以起到一定的保护行人的作用。从外观上看，汽车保险杠具有装饰性，成为装饰轿车外形的重要部件；同时，还有一定的空气动力学作用（图2.56）。

二 遍及生活的多面手——合成树脂

(a) 前保险杠　　　　　　　　(b) 后保险杠

图 2.56　汽车保险杠

汽车保险杠一般由外板、缓冲材料和横梁三部分组成，其中外板和缓冲材料用塑料制成，横梁用厚度为 1.5 毫米左右的冷轧薄板冲压而成 U 形槽。外板和缓冲材料附着在横梁上，横梁与车架纵梁用螺丝连接，可以随时拆卸下来（图 2.57）。

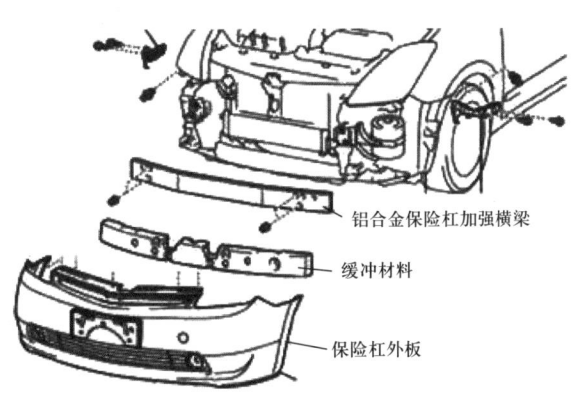

图 2.57　汽车保险杠的组成

多年以前，汽车前后保险杠是以金属材料为主，用厚度为 3 毫米以上的钢板冲压成 U 形槽钢，表面处理镀铬，与车架纵梁铆接或焊接在一起，由于保险杠与车身有一段较大的间隙，好像是一件附加上去的部件，看上去很不美观。随着汽车工业的发展和工程塑料在汽车工业的大量应用，汽车保险杠作为一种重要的安全装置也走向了革新的道路。目前，汽车前后保险杠除保持原有的保护功能外，还要追求与车体造型的和谐与统一，追求本身的轻量化。

目前汽车的前后保险杠是由塑料制成的，又称塑料保险杠。为什么选择塑料制作保险杠呢？因为塑料保险杠有四大优势：（1）保护性强。在车辆与行人发生碰撞时，塑料保险杠能给行人一个力的缓冲，不仅减少汽车带给行人带来的创伤，如果汽车追尾的话，对于汽车的损害也比较小。（2）价格便宜。使用塑料作为主体材质，能大大降低汽车制造成本和维修成本，为车企及消费者节省了经济成本。(3)耐腐蚀性强。金属喷漆长时间暴露在空气中会生锈,而塑料保险杠不用担心生锈的问题。(4)汽车轻量化。塑料保险杠要比金属材质的保险杠更轻,从而实现汽车轻量化目标,利于车辆节省油耗,降低排放(图2.58)。

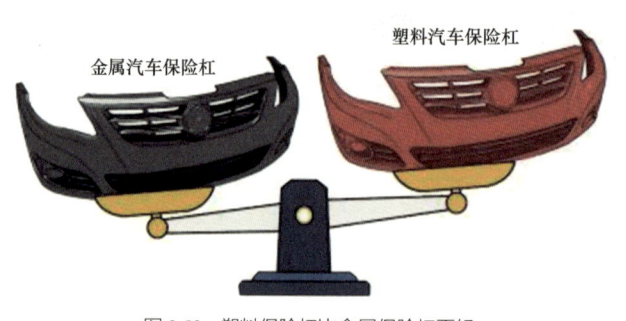

图 2.58　塑料保险杠比金属保险杠更轻

高流动高抗冲聚丙烯是制作汽车保险杠的主要原材料。抗冲聚丙烯是由丙烯和少量乙烯等单体原料,在催化剂的作用下聚合得到的一类高分子材料。在一定的温度(200~270℃)下通过添加滑石粉、玻璃纤维、助剂体系挤出造粒,再采用大型注射成型设备生产满足不同车型的汽车保险杠。

2.23　汽车座椅材料——聚氨酯

随着家用汽车的普及,汽车消费的日趋成熟,消费者对汽车产品的要求也越来越高,对座椅的要求由功能和安全性逐渐转变为舒适性、健康性及档次感。汽车座椅是用户在驾驶过程中最重要也是最主要的舒适体验,有时候,即便车内空间足够宽敞,但是座椅舒适性不是很好,乘坐体验也会大打折扣(图2.59)。人们

图 2.59　座椅舒适性的影响

经常会给出这样的评价,"这车坐起来很舒服""这车坐起来很硬""靠背靠起来不舒服"等,这些就是所谓的"座椅舒适性",那么哪些是影响座椅舒适性的因素呢?

影响座椅舒适性的因素主要包括面料系统、发泡材料与骨架结构三个方面。其中坐起来舒不舒服主要取决于发泡材料与骨架结构,这两部分决定了座椅给乘员带来的支撑效果。汽车座椅使用聚氨酯(PU)泡沫塑料作为垫材已有数十年的历史,聚氨酯已经逐渐成为不可缺少的材料,其优越性也是其他材料无法相比的(图2.60)。那么什么是聚氨酯呢?

图2.60 汽车中的聚氨酯座椅

聚氨酯(Polyurethane,PU)全称聚氨基甲酸酯,是主链上含有氨基甲酸酯基团(—NHCOO—)的大分子化合物的统称,由二异氰酸酯与二羟基或多羟基化合物加聚而成,聚氨酯大分子还含有醚、酯、脲、缩二脲、脲基甲酸酯等基团。随着化学研究、产品制造、工艺技术的进步以及应用领域的不断扩宽,聚氨酯材料逐步成为全球第六大合成材料(全球六大合成材料为PE、PP、PVC、PS、PET、PU),是各种高分子材料中唯一一种在塑料、橡胶、泡沫、纤维、涂料、胶黏剂和功能高分子材料等领域均有重大应用价值的合成高分子材料。

由于聚氨酯大分子中含有的基团都是强极性基团,而且大分子中还含有聚醚或聚酯柔性链段,使得聚氨酯具有以下特点:

(1)良好的耐热性:可以在高温下长期使用而不会发生明显的性能变化。

(2)优良的力学性能:聚氨酯具有较高的强度和硬度,同时具有一定的弹性和韧性,因此在许多领域都有广泛的应用。

（3）良好的耐腐蚀性：可以在酸、碱、盐等强腐蚀性介质中长期使用。

（4）良好的耐候性：可以在紫外线、氧气、水等自然环境下长期使用。

（5）良好的绝缘性能：可以用于制造电器、电缆等绝缘材料。

（6）良好的耐磨性：可以在高负荷、高速摩擦等恶劣环境下使用。

聚氨酯具有很多优异的性能，因此其具有广泛的用途。聚氨酯主要用于制造聚氨酯合成革、聚氨酯泡沫塑料、聚氨酯涂料、聚氨酯黏合剂、聚氨酯橡胶（弹性体）和聚氨酯纤维等。此外，聚氨酯还用于土建、地质钻探、采矿和石油工程中，起到堵水、稳固建筑物或路基的作用；作为铺面材料，用于运动场的跑道、建筑物的室内地板等。

聚氨酯又是如何分类的呢？

聚氨酯泡沫塑料主要分为软质聚氨酯泡沫塑料（简称聚氨酯软泡，也称PU软泡）、硬质聚氨酯泡沫塑料（聚氨酯硬泡，也称PU硬泡）以及介于两者之间的半硬质聚氨酯泡沫塑料（聚氨酯半硬泡，国外也有称作半软泡），可通过改变原料的种类和化学结构、规格指标、配方比例制造出具有各种性能的不同制品。

聚氨酯软泡俗称聚氨酯海绵、泡棉，指具有一定弹性并且比较柔软的多孔或网状泡沫（海绵）材料，它的突出性能是柔软、回弹好、吸音、透气、保温、缓冲、吸能等，主要应用于各种热材、缓冲材料，如车船及家具沙发座椅的坐垫、靠垫及扶手、床垫、服装衬垫等。软质聚氨酯泡沫塑料用于汽车座椅，主要是由于其缓冲及减震特性可以满足汽车座椅静态及动态舒适性要求。从长远来看，虽然其自身具有一定的缺陷，但它的优点更为重要。

聚氨酯硬质泡沫是一种具有保温与防水功能的新型合成材料，其导热系数是目前所有保温材料中最低的。硬质聚氨酯泡沫塑料主要应用于建筑物外墙保温、屋面防水保温一体化、冷库保温隔热、管道保温和建筑板材、冷藏车及冷库隔热材等。

聚氨酯半硬泡具有一定的开孔结构，其承载性能好，吸收振动性能好，多用于缓冲材料、汽车部件等。聚氨酯产品渗透到国民经济的方方面面，已成为当前高分子材料中品种最多、用途最广、发展最快的特种有机合成材料。

相信在不久的未来，随着汽车工业的发展以及科技水平的提高，聚氨酯工业也将随之攻克一个又一个技术难题，满足汽车工业不断提高的要求。

2.24 汽车灯罩是什么材料制成的？

汽车灯罩是一种聚光透镜，对车灯有聚光作用，和凹透镜的原理一样，把灯泡发出的光通过镜片实现聚光，增加亮度，这样在夜晚灯光更亮、照射得更远，给司机提供良好的行车视线。汽车灯罩的作用是防止光线发散，使光线更好地聚集，灯泡的光线主要是通过安装在内侧的反光杯反射出去，如果没有车灯罩，光线聚集效果变差，反射效果会下降。汽车灯罩的作用原理和实物如图 2.61 和图 2.62 所示。

汽车灯罩一般是采用聚碳酸酯材料制作的，聚碳酸酯（PC），又称 PC 塑料，其名称来源于 —CO_3 基团，是分子链中含有碳酸酯基（—OROCO—）的高分子聚合物，根据酯基的结构可分为脂肪族、芳香族、脂肪族-芳香族等多种类型。受到加工

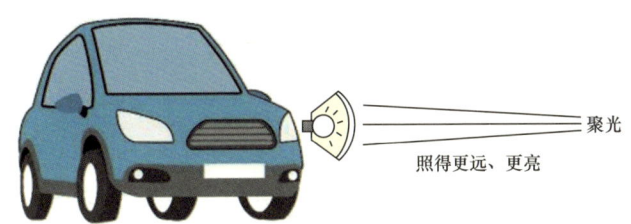

图 2.61　汽车灯罩的作用原理

图 2.62　汽车灯罩原料及实物图

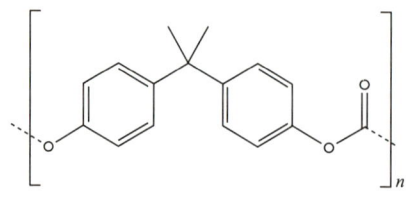

图 2.63　聚碳酸酯分子结构图

环境的限制，广泛投入工业生产的聚碳酸酯仅有双酚 A 型聚碳酸酯（图 2.63）。双酚 A 型芳香族聚碳酸酯具有优良的性能，不仅具有高透明性和良好的耐热性，还具有优异的力学性能，抗拉强度高，抗冲击性能好，具有良好的尺寸稳定性，因此被大量应用在航空航天、电子、建筑、汽车、照明等领域，是近年来需求增长最快的工程塑料。

汽车领域是聚碳酸酯的主要应用市场之一，主要应用在汽车照明系统和汽车内外饰中。聚碳酸酯在汽车车灯所用塑料材料中占比达到 50%(质量分数)，相比于传统的玻璃材料，聚碳酸酯密度小，设计自由度更灵活。在汽车照明系统中，聚碳酸酯可以用于生产形状复杂的前灯、尾灯和转向灯灯罩，采用聚碳酸酯的汽车灯罩质量较无机玻璃减少了 0.5～1.4 千克，实现"以塑代钢"，加快了汽车行业的轻量化进程。

聚碳酸酯具有良好的抗冲击、抗热畸变性能，并且耐候性好、硬度高，因此广泛用于生产轿车和轻型卡车的各种零部件，主要集中在照明系统、仪表板、加热板、除霜器等。

2.25　5G 天线罩中的高科技

天线究竟是一根什么样的"线"，为什么会如此彻底地改变我们的生活？

天线之所以厉害，是因为电磁波厉害。电磁波之所以厉害，一个主要原因就是，它是唯一能够不依赖任何介质进行传播的"神秘力量"。即使在真空中，它也能来去自如，而且转瞬即至。要想充分利用这股"神秘力量"，就需要天线这个"转换器",把传输线上传播的导行波,变换成在自由空间中传播的电磁波,或者进行相反的变换(图2.64)。

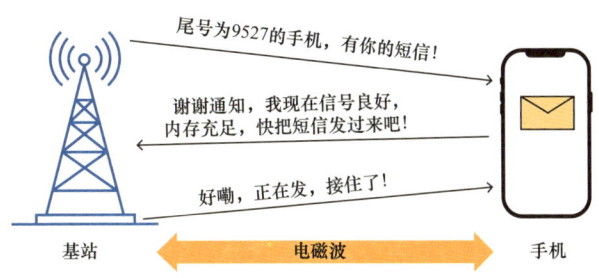

图 2.64　天线功能示意图

天线装置通常置于露天工作,直接受自然界风雪沙尘及太阳辐射的侵袭,天线罩的作用就是保护天线系统免受外部环境影响,确保天线系统的运行精度、使用寿命及工作可靠性(图2.65)。

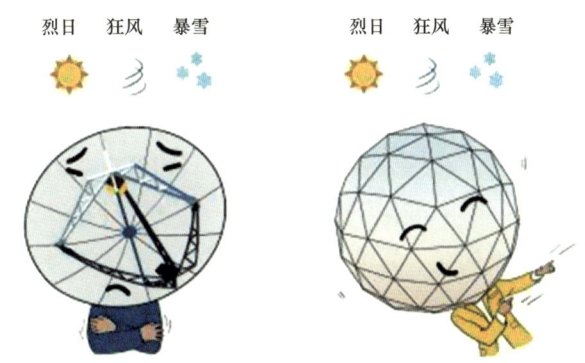

图 2.65　天线罩作用示意图

天线罩结构主要有航空天线罩、地面天线罩、充气天线罩、壳体结构天线罩及空间骨架天线罩五种(图2.66)。随着5G时代的到来,基站引入大规模阵列天线,天线通道数增加,对射频器件的需求量也相应增加,天线罩是基站中塑料用量最大的部件,需要满足低介电、低损耗、轻量化以及环保的要求。

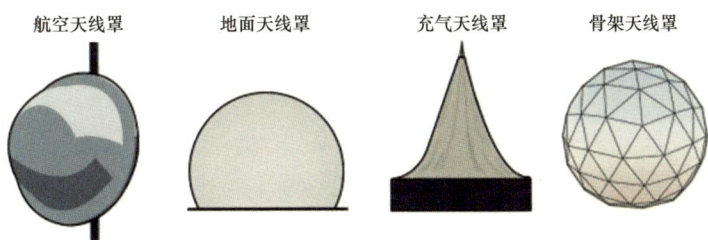

图 2.66　常见几种天线罩的外观

图 2.67　天线罩的材料

目前，5G 天线罩最常用的材料主要是玻璃钢材料，但是玻璃钢的密度较大，不利于天线的轻量化设计（图 2.67）。而天线罩新材料则轻得多，一起来看看吧。

聚丙烯 (PP) 具有优异的力学性能、绝缘性能、耐热性能，且密度低、吸水率低、价格便宜，具有极高的性价比。聚丙烯为非极性聚合物，具有很低的介电常数和介电损耗，并且其介电性能在温度、频率变化下保持稳定，能够保证基站天线罩具有良好的透波性和耐热性，聚丙烯优异的性能使其非常适合用于制造基站天线罩。聚丙烯专用料作为原料制备得到的聚丙烯微孔发泡材料 (MPP) 成功应用在 5G 天线罩上，打开了崭新的应用窗口。

MPP 材料内部大量微米级泡孔的存在，使之具有优异的减震、缓冲、隔热和吸声等性能，可广泛应用于包装、交通工具、箱包、体育器材等领域。MPP 材料的介电常数可低至 1.02，并实现介电常数可调节，材料特性包括：

> **小贴士**
> 聚丙烯微孔发泡新材 (Microcellular Polypropylene Foam) 简称 MPP，特指泡孔尺寸小于 100 微米的聚丙烯多孔发泡材料（更严格的定义是泡孔尺寸小于 10 微米，泡孔密度大于 10^9 个 / 厘米^3）。

（1）轻质高强：材料密度范围为 30～100 千克 / 米^3，细密、均匀的泡孔结构使 MPP 具有更好的力学性能，具有高强度、高刚性，可抗 16 级大风。

（2）低介电、低损耗：发泡倍率高，内部含大量空气，介电常数比 ABS、玻璃钢低很多。

PP 的成型需要升级通用的聚合物加工设备（如注塑成型设备、连续挤出成型设备和模压成型设备等），使之适用于超临界流体技术。在高温高压下将超临界二氧化碳或超临界氮气导入聚丙烯材料，形成聚丙烯/超临界流体的单相溶液，并诱导气泡成核、生长，最终形成泡孔尺寸在微米尺度的 PP 发泡材料（图 2.68 和图 2.69）。

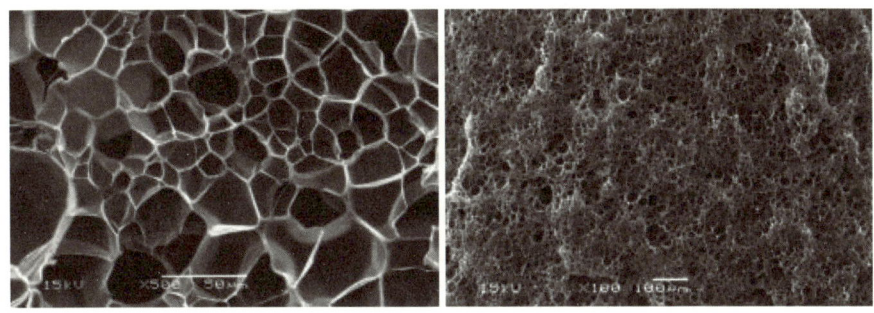

图 2.68　MPP 泡孔结构的 SEM 图

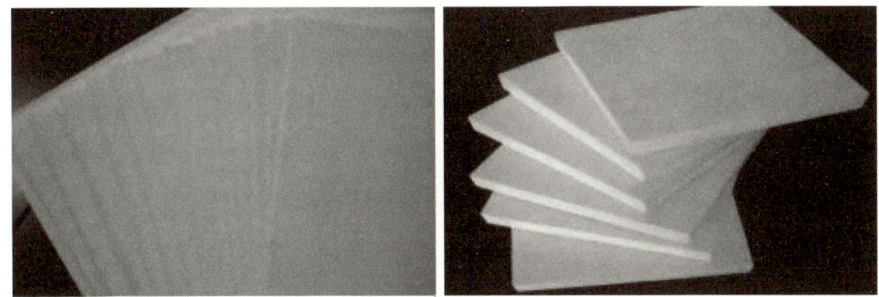

图 2.69　微孔发泡聚丙烯的片材和板材

2.26　轻便实用的聚丙烯泡沫箱

发泡材料，通俗理解就是一种多孔的物质，是由易发泡的物质形成的。家中用于洗刷的清洁泡沫、保温用泡沫箱以及泡沫防滑垫等都属于发泡材料，其中保温用泡沫箱就是一种由聚丙烯发泡制得的材料，常用于水果、蔬菜、海鲜、生物制剂、疫苗、药品等需要保温、保鲜产品的运输（图2.70）。

图 2.70 生活中的发泡材料

制作泡沫箱的原材料主要有聚苯乙烯、聚氨酯、橡胶、聚丙烯等。其中聚丙烯发泡材料综合性能优异，可回收、易降解，已成为泡沫塑料家族中的"新宠"，是聚合物泡沫材料中增长速度最快的品种。

发泡聚丙烯是以聚丙烯树脂为主体，加入发泡剂及其他添加剂制成。聚丙烯泡沫塑料的发泡过程如图2.71所示。首先在塑料熔体或液体中形成大量均匀、细密的气泡核，然后再膨胀成为所要求的泡体结构，最后固化定型将泡体结构固定下来，得到泡沫塑料。

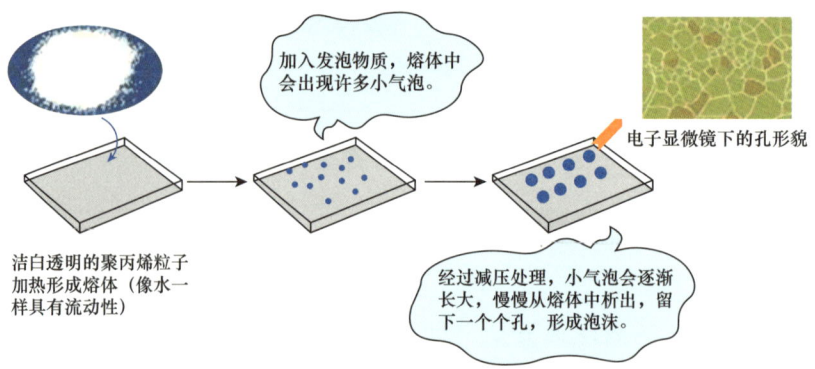

图 2.71 聚丙烯树脂发泡过程示意图

与其他常见的发泡材料相比，聚丙烯发泡材料在使用性能、生产成本以及环保方面具有独特的优势。聚丙烯发泡制品具有良好的热稳定性、优异的抗震吸能性能以及高的形变后回复率，优异的耐化学品、耐油性，较高的拉伸强度、抗冲击强度和韧性，适宜、柔顺的表面，优异的微波适应性等优点。发泡聚丙烯的主要成分为热塑性聚丙烯树脂，不仅可回收再利用，还具备自然光降解的特性，是制备环保型发泡制品的首选材料。聚丙烯发泡材料可借助于现有的挤出设备及二次成型设备进行生产，生产工艺也比较简单，其发泡片材的总加工成本低于现有的其他发泡材料。这些优越性使聚丙烯发泡材料广泛应用在包装、汽车缓冲材料和隔热材料等各个领域。

2.27 透明桌牌的秘密

大家一定看到过一种桌牌，看起来非常透明，透明度和我们常用的玻璃一样，它其实是一种聚酯共聚物，专业名称为聚对苯二甲酸乙二醇酯-1,4-环己烷二甲醇酯（PETG）。它是由对苯二甲酸(PTA)和乙二醇(EG)、1,4-环己烷二甲醇(CHDM)三种单体进行缩聚的产物，比制作饮料瓶常用的聚对苯二甲酸乙二醇酯（PET）多了1,4-环己烷二甲醇共聚单体。1,4-环己烷二甲醇共聚单体可预防结晶化，进而改善透明度，从而使制品高度透明，抗冲击性能优异，特别适宜成型厚壁透明制品，其加工成型性能极佳，能够按照设计者的意图进行任意形状的设计，可采用传统的挤出、注塑、吹塑及吸塑等成型方法，被广泛用于板材、片材、高性能收缩膜及异型材等制品。PETG目前国外仅有美国伊士曼、韩国SK两家公司进行生产，中国石油辽阳石化也具有该材料的生产能力。

PETG出众的热成型性能，易于生产出造型复杂及拉伸比大的制品。与有机玻璃和聚碳酸酯材料相比，成型周期短，温度低，成品率更高，并且PETG板材通常比通用有机玻璃板材坚韧15~20倍，在加工、运输和使用过程中具有足够的承受能力，有助于防止破裂。此外，PETG板材可进行锯切、模切、钻孔、冲孔、剪切、铆接、铣边以及冷弯，不至于破碎。表面的轻微刮痕可用热风枪来消除。溶剂黏结亦是常规操作，并可进行植绒、电镀、静电等加工处理。

鉴于PETG在力学性能、加工性能和透明度方面的优势，PETG主要有以下方面的应用：

（1）板材片材。使用常规的成型方法，可以制备1~25.4毫米厚的透明材料，具有突出的韧性和高抗冲击强度，成型性能优异，冷弯曲不泛白，无裂纹，易于印刷和修饰，广泛应用于室内外标牌、储物架、自动售货机面板、家具、建筑及机械挡板等。目前，PETG材料已用于Visa公司的信用卡制作。Visa公司还指出，PETG材料满足信用卡国际标准的所有要求，可在信用卡方面广泛使用。

（2）薄膜。PETG材料专门应用于高性能收缩膜，收缩率大于70%，可制成复杂外形容器的包装，具有高吸塑力、高透明度、高光泽、低雾度、易于印刷、不易脱落、储存时自然收缩率低的优点，应用于饮料瓶、食品和化妆品的收缩包装及电子产品等的收缩标签。其中，双向拉伸的PETG膜适用于高档包装、印刷、电子电器、电缆包扎、绝缘材料以及各种工业领域的优质基材。

（3）化妆品包装。PETG具有玻璃一样的透明度和接近玻璃的密度、很好的光泽度，耐化学腐蚀，耐冲击，并且容易加工，能注射成型、注拉吹成型和挤吹成型，还能够产生独特的形状、外观和特殊效果，如鲜亮的颜色、磨砂、大理石纹理、金属光泽等，而且还可以利用其他聚酯、弹性塑料或ABS进行重叠注塑料成型，非常适合应用于高端化妆品的包装。

2.28 高强度的有机玻璃

有机玻璃是一种通俗的名称，从这个名称看，你未必能知道它是一种什么样的物质，也无从知道它是由什么元素组成的（图 2.72）。这种高分子透明材料的化学名称叫聚甲基丙烯酸甲酯，是由甲基丙烯酸甲酯聚合而成的，是迄今为止透明材料中质地最优异、价格也比较适宜的品种。1927 年，德国罗姆—哈斯公司的化学家在两块玻璃板之间将丙烯酸酯加热，丙烯酸酯发生聚合反应，生成了黏性的橡胶状夹层，可用作防破碎的安全玻璃。当他们用同样的方法使甲基丙烯酸甲酯聚合时，得到了透明度好、其他性能也良好的有机玻璃板，它就是聚甲基丙烯酸甲酯。1931 年，罗姆—哈斯公司建厂生产聚甲基丙烯酸甲酯，首先在飞机工业得到应用，取代了赛璐珞塑料，用作飞机座舱罩和挡风玻璃。如果在生产有机玻璃时加入各种染色剂，就可以聚合成为彩色有机玻璃；如果加入荧光剂（如硫化锌），就可聚合成荧光有机玻璃；如果加入人造珍珠粉（如碱式碳酸铅），则可制得珠光有机玻璃。

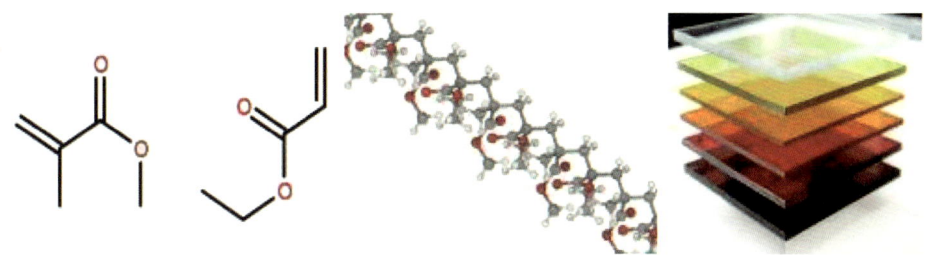

图 2.72 有机玻璃分子结构示意图

有机玻璃有以下性能：

（1）高度透明性。有机玻璃是目前最优良的高分子透明材料，透光率达到 92%，比玻璃的透光度高。称为人造小太阳的太阳灯的灯管是用石英做的，这是因为石英能完全透过紫外线。普通玻璃只能透过 0.6% 的紫外线，但有机玻璃却能透过 73%。

（2）强度高。有机玻璃的分子量大约为 200 万，是长链的高分子化合物，而且形成分子的链很柔软，因此，有机玻璃的强度比较高，抗拉伸和抗冲击的能力比普通玻璃高 7～18 倍。有一种经过加热和拉伸处理的有机玻璃，其中的分子链段排列得非常有次序，使材料的韧性显著提高。用钉子钉进这种有机玻璃，即使钉子穿透了，有机玻璃上也不产生裂纹，这种有机玻璃被子弹击穿后同样不会破成碎片。因此，拉伸处理的有机玻璃可用作防弹玻璃，也用作军用飞机上的座舱盖。

（3）密度小。有机玻璃的密度为 1180 千克 / 米^3，同样大小的材料，其质量只有普通玻璃的一半、金属铝（属于轻金属）的 43%。

（4）易于加工。有机玻璃不但能用车床进行切削，使用钻床进行钻孔，而且能用丙酮、氯仿等黏结成各种形状的器具，也能用吹塑、注射、挤出等塑料成型的方法加工成大到飞机座舱盖、小到假牙和牙托等形形色色的制品（图 2.73）。

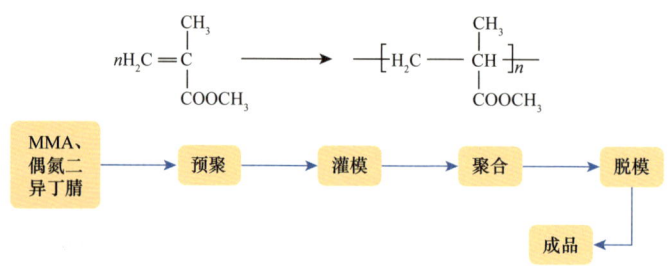

图 2.73　有机玻璃制备工艺

有机玻璃具有以上优良性能，使它的用途极为广泛（图 2.74）。除在飞机上用作座舱盖、风挡和弦窗外，也用作吉普车的风挡和车窗、大型建筑的天窗（可以防破碎）、电视和雷达的屏幕、仪器和设备的防护罩、电讯仪表的外壳、望远镜和照相机上的光学镜片。用有机玻璃制造的日用品琳琅满目，如用珠光有机玻璃制成的纽扣，各种玩具、灯具也都因为有了彩色有机玻璃的装饰作用，而显得格外美观。有机玻璃在医学上还有一个绝妙的用处，那就是制造人工角膜。如果人眼的透明角膜长满了不透明的物质，光线就不能进入眼内。这就是全角膜白斑病引起的失明，而且这种病无法用药物治疗。于是，医学家设想用人工角膜代替长满白斑的角膜。所谓人工角膜，就是用一种透明的物质做成一个直径只有几毫米的镜柱，然后在人眼的角膜上钻一个小孔，把镜柱固定在角膜上，光线通过镜柱进入眼内，人眼就能重见光明。

图 2.74 有机玻璃用途

2.29 3D 打印树脂有哪些？

3D 打印技术出现在 20 世纪 90 年代中期，又称为增材制造 (Additive Manufacturing, AM)，是采用材料逐渐累加的方法制造实体制品的技术，有些类似于搭积木。3D 打印以目标实体制品的三维 (3D) 模型数据为基础，先通过计算机建模软件对制品结构尺寸建模，再将建成的三维模型"分区"成逐层的截面，即切片。打印机通过读取文件中的切片横截面信息，用液体状、粉状或片状的材料将这些截面逐层地打印出来，再将各层截面以各种方式粘接起来，从而制造出一个实体制品。

通俗地说，3D 打印机是可以"打印"出真实的 3D 物体的一种设备，如打印一个机器人、玩具车、各种模型甚至是食物等（图 2.75）。之所以通俗地称其为"打印机"，是参照了普通打印机的技术原理，因为分层加工的过程与喷墨打印十分相似，只是打印材料有些不同，普通打印机的打印材料是墨水和纸张，而 3D 打印机内装有金属、陶瓷、塑料、砂等不同的"打印材料"，通

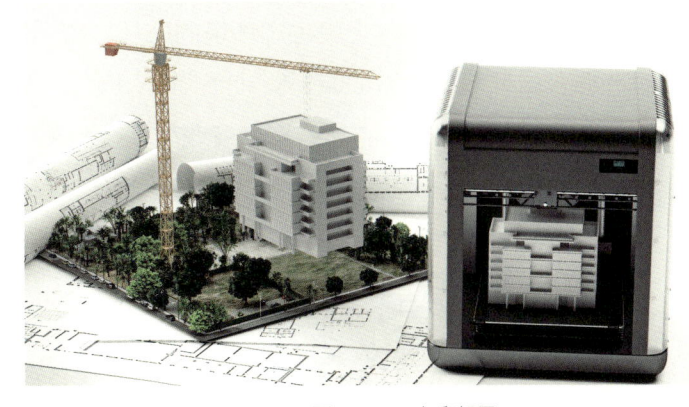

图 2.75 3D 打印场景

过电脑控制可以把"打印材料"一层层叠加起来,最终把计算机上的蓝图变成实物。

3D 打印常用材料有尼龙玻纤、耐用性尼龙材料、石膏材料、铝材料、钛合金、不锈钢、镀银、镀金、橡胶类材料。相关数据的统计结果显示,3D 打印材料市场份额中,塑料占 47%,陶瓷占 40%,金属和其他材料占 6%,复合材料占 7%。打印原材料按照材料性能可分为高分子材料、金属材料、无机非金属材料和复合材料。其中,应用于 3D 打印的树脂材料主要分为热塑性树脂和光敏树脂两大类。热塑性树脂有 ABS 树脂、聚碳酸酯(PC)、聚乳酸(PLA)、尼龙(PA)、聚苯乙烯(PS)、聚丙烯(PP)等。光敏树脂有帝斯曼的 Somos 树脂等。

2.30 "白色污染"与微塑料是怎么回事?

"白色污染"一般指人类在生产、生活等活动过程中使用塑料制品产生的废物,由于塑料制品的颜色多数为白色,因此由塑料制品所形成的固体废物就被称为"白色污染"。我国国内首次出现"白色污染"一词是在 20 世纪 90 年代初发表于《人民日报》一篇名为《白色灾害已初见端倪》的文章中,文中指出:我国大量使用农用地膜并把它残留在农田中而引发的土壤污染,造成了对土壤生态环境的破坏,警示国人要重视"白色污染"问题。自此之后,"白色污染"一词代表的塑料制品对环境造成的污染这一含义被大家所熟知(图 2.76)。但是"白色污染"的概念直到 1997 年在国家环境保护总局下发的《"白色污染"的现状及防治对策研究》的通知中才得以定义:环境中的废塑料包装物及废农膜对市容景观和生态环境造成的破坏。

图 2.76 "白色污染"

自1907年贝克兰发明酚醛树脂开启塑料时代以来,人类使用塑料已有100余年的历史,塑料给人们生活带来了极大便利,20世纪其生产量飙升,从1950年的200万吨飙升至目前的近4亿吨,预计到2040年产量还将再次翻倍。但由于其难以降解,造成了严重的环境问题。陆地上大量的废塑料污染山川河流,导致"白色污染",海洋同样是塑料污染的重灾区。据统计,每年有超过800万吨塑料被遗弃在海洋中,占海洋垃圾的80%,严重威胁海洋生态系统。久而久之,这些塑料垃圾会形成无数的微塑料颗粒(图2.77)。

图 2.77 微塑料

2015年召开的第二届联合国环境大会上,微塑料污染被列入环境与生态科学研究领域的第二大科学问题,成为与全球气候变化、臭氧耗竭等并列的重大全球环境问题,由此也可见微塑料污染的严重程度。据联合国环境规划署(UNEP)报道,到2050年,99%的鸟类都会食用塑料。如果不采取行动,到2040年,每年流入海洋的塑料将增加为目前的近3倍,达到每年2900万吨,相当于全球每米海岸线都有50千克塑料。塑料不光会造成"白色污染",未能对废塑料进行妥当的处理也会对周围环境持续产生影响:填埋在土壤中会影响农作物吸收营养,添加剂的渗出会污染水源;焚烧产生的氯化氢、二噁英等有毒气体将对人体造成极大的危害。

> **小贴士**
>
> 微塑料，目前学术界对其尚无准确的定义，但通常认为粒径小于5毫米的塑料纤维、颗粒或者薄膜即微塑料，实际上很多微塑料可达微米乃至纳米级，肉眼是不可见的，因此也被形象地比作海洋中的"$PM_{2.5}$"。微塑料概念的首次提出来自英国科学家2004年在 *SCIENCE* 杂志上发表的关于海洋水体和沉积物中塑料碎片的论文。此后，许多科研人员都投入到微塑料的研究中，并发表了许多重要的成果，使得微塑料污染引起全球的重视。

对于"白色污染"与微塑料的防治，离不开塑料全生命周期各环节的协作，塑料的全生命周期包括塑料原料生产、塑料制品生产、塑料消费以及废塑料回收利用等环节，其中回收利用是最关键也是最薄弱的环节。国内外对废塑料的回收处理方式主要有填埋、能量回收、物理回收和化学回收。按照分级来看，分为初级回收、二级回收、三级回收和四级回收。

（1）初级回收。将废塑料（如工厂生产过程中产生的边角料等）直接回收，并加工成性能与原塑料制品相似的产品。该方法的回收和再利用都在工厂中完成，不涉及消费者及废品回收和再生企业，回收的也是未污染的单一品种塑料。

（2）二级回收（物理回收）。通过将回收的废塑料经分拣、清洗、切粒、成型等环节再生为塑料制品。该方法是我国目前积极提倡并普遍采用的方式，因对废塑料分拣要求苛刻，当前垃圾有效分类执行并不彻底，回收分拣能力仅能达到30%的回收率，存在分拣难度大、成本较高等问题。此外，废塑料经物理回收后的再生塑料因性能差、颜色杂等问题，俗称"降级塑料"，如饮料塑料瓶可能只能降级变为建材、化纤等，且物理回收1~2次后便无法再生，已成为制约塑料污染治理的瓶颈。

（3）三级回收（化学回收）。化学回收则是指通过热裂解或者催化裂解（解聚）将废塑料以分子形式回收，转化为单体、化学品等，再通过分离、提纯、重新聚合等过程形成"塑料制塑料"的循环闭环。化学回收的优点在于可回收利用其他回收方式无法处理的劣质废塑料，且对分拣要求不高，生产出的再生料性能可与原始级材料相媲美。近年来技术发展迅速，国外已有企业实现了商业化。国内虽然对化学回收技术进行了大量研究，但是受政策管控影响,目前在国内市场并没有得到广泛的推广和应用,尚处于实验室研究阶段。

(4)四级回收(能量回收)。通过废塑料的燃烧,将其放出大量的热进行再利用。废塑料的成分主要由碳、氢两种元素组成,质量分数约为95%,燃烧过程可释放大量的热,其热值与燃油几乎持平,可利用热能回收法高效获取能量用于发电或供热。该处理方法具有处理量大、成本低、效率高等优点,也被国内外广泛应用。但焚烧会产生氯化氢、二噁英、多环芳烃等有毒气体,如不能对尾气进行有效处理将会对环境造成二次污染。

(5)填埋。将废塑料与城市生活垃圾一同运送到垃圾填埋场进行深埋处理。该处理方法简单,设备投资少,但没有产生任何回收价值,同时会对土地资源造成压力,处理不当或将妨碍地下水流通。目前,国外基本停止填埋处理,未来不会再出现该种处理方式。

由于填埋废塑料会严重妨碍地下水渗透,其添加剂也会给土地造成二次污染;焚烧会产生有害气体且二氧化碳排放量巨大,因此填埋和焚烧并非理想的处理方式。以塑料全生命周期为基础,从原料、合成、加工、使用和处理各环节,加强科技创新,创新塑料废物再利用的工艺流程,研发创新产品,延长产业链条,被认为是解决塑料污染的最有效措施。此外,还应通过积极开展公共讲座、在学校进行塑料循环相关知识的普及、发放有关科普手册,培养全民环保意识,倡导公众选购可再生塑料制品、形成垃圾分类的生活习惯,加速提升公众对塑料循环利用的了解及接受度,从生产者、消费者、回收者各方持续推动塑料全产业链、全生命周期污染防治。

三 功能强大的弹性体材料 ——合成橡胶

合成橡胶是由单体经聚合得到的橡胶。合成橡胶在国民经济和社会发展中占有极其重要的地位，是国家重要战略物资之一，中国已成为合成橡胶生产大国，正向合成橡胶强国迈进。

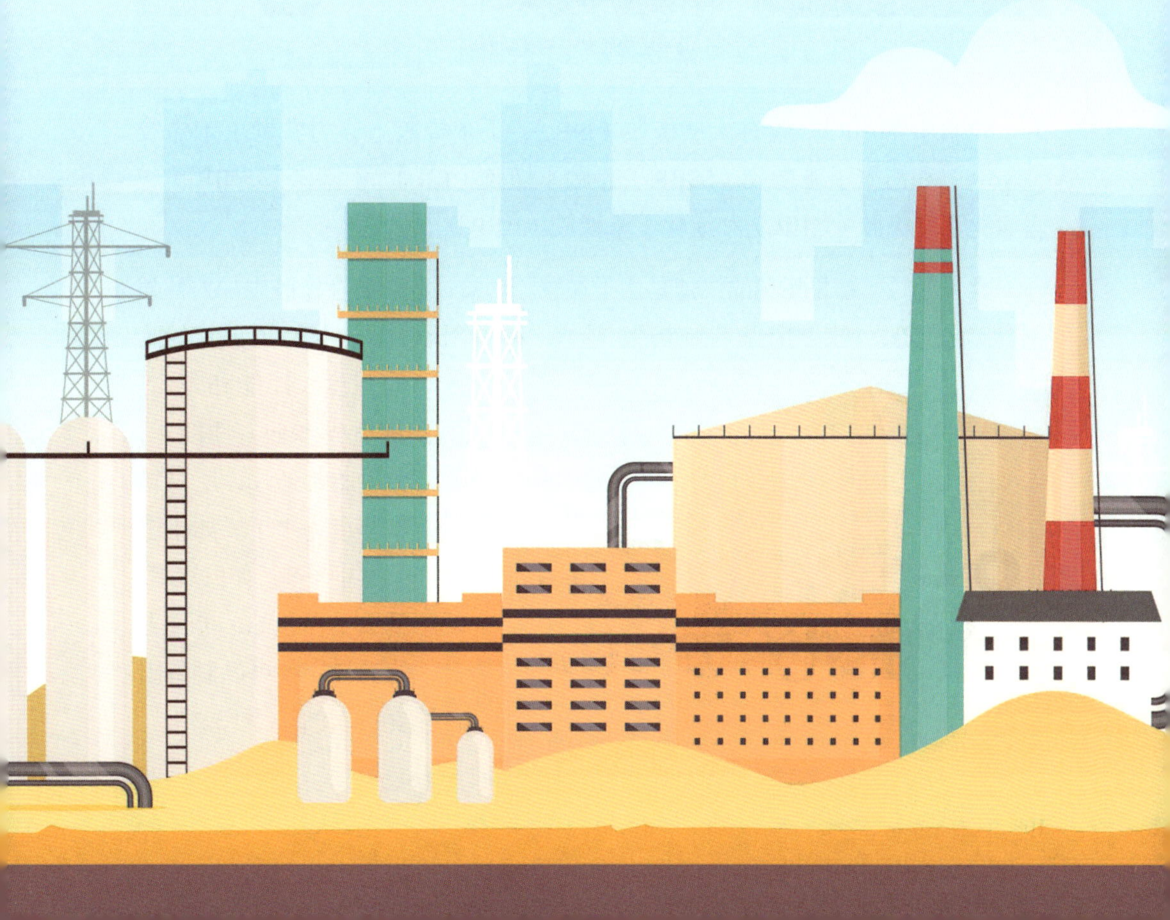

3.1 丰富多彩的橡胶世界

提到橡胶，大家会想到什么呢，是黑黑的轮胎，还是擦除铅笔字迹的橡皮擦，抑或是天天踩在脚下的鞋底？实际上橡胶在生活中无处不在。

◆ 轮胎

汽车行业是橡胶最大的应用领域，据统计，现今世界上65%以上的橡胶应用于汽车工业——轮胎、安全气囊、密封管等，其中最主要的就是轮胎（图3.1）。

图 3.1　由橡胶制造的轮胎制品

轮胎中常用的橡胶有天然橡胶（NR）、丁苯橡胶［分为乳聚丁苯橡胶（ESBR）和溶聚丁苯橡胶（SSBR）］、顺丁橡胶（BR）、丁基橡胶［IIR，包含氯化丁基橡胶（CIIR）和溴化丁基橡胶（BIIR）］。

常见的轮胎都是黑色的，这是由于在轮胎制备过程中要在橡胶中加入补强剂、硫化剂等，常用的补强剂为炭黑，这是一种性价比极优的材料，能提高轮胎胶料的强度、性能和寿命。由于炭黑成本低、性能优，大部分轮胎都适用，所以轮胎就以黑色为主了。如果选用其他的补强剂，如白炭黑，轮胎就成了白色的，再加上其他的颜料，就可以制备出各种颜色的轮胎（图3.2）。

图 3.2　不同颜色的轮胎制品

口香糖

大家经常在嘴里咀嚼的一种弹性物质——口香糖，也是橡胶的一项妙用。口香糖由胶基、甜味剂、软化剂/增塑剂、调味剂、色素以及典型的硬质或粉末状多元醇涂层组成（图3.3）。口香糖的基质黏性很强，能除去牙齿表面的食物残渣，咀嚼运动带来的机械刺激又能增加唾液的分泌，冲洗口腔表面，有一定的清洁口腔的作用。

图3.3　口香糖

可用于口香糖胶基的有天然橡胶、丁苯橡胶和丁基橡胶等。现在，以丁基橡胶为原料的口香糖因为香味持久、易于咀嚼、便于储存，还能够保护牙齿，更加符合现代人的口味。目前阿郎新科公司是食品级丁基橡胶的最大供应商，其在新加坡的工厂制造的丁基橡胶大约有4%用于口香糖生产。浙江信汇也开始生产食品级丁基橡胶。

鞋底

五颜六色的人字拖、花样翻新的运动鞋、性能优越的登山鞋和女生最爱的高跟鞋等，也都是橡胶的杰作（图3.4）。以胶鞋为代表的日用品消耗了全世界10%的橡胶。

图 3.4　各种各样的鞋子

鞋底常用的弹性材料主要有天然橡胶、丁腈橡胶、聚氨酯橡胶、乙烯—乙酸乙烯酯共聚物（EVA）橡胶和热塑性弹性体（TPE/TPR）等。

3.2　来源于大自然的橡胶

1493年，西班牙探险家哥伦布踏上新大陆之后，发现南美洲的土著人会玩一种有弹性的球，这种小球落地后能反弹得很高，捏在手里则会感到有黏性。哥伦布非常好奇，仔细打听，才知道圆球是用他从来没见过的一种东西——天然橡胶做成的。原来，这里生长着一种橡胶树，炎热的气候和充沛的雨量为它们提供了得天独厚的生长条件。只要小心切开树皮，乳白色的胶汁就会缓缓流出，印第安人把这种树汁叫作"卡乌巧乌"，意思是"树的泪水"，将这种胶汁的水分晒干，就可以做成有弹性的橡胶球了。

哥伦布从美洲回来时，顺便把令他大感兴趣的天然橡胶带回了欧洲。可是，当时的欧洲没有人知道如何利用它。于是，它被送进博物馆，陈列在展柜里，作为"哥伦布带回的新奇玩意儿"供人观看。直到1770年，英国化学家普利斯特列（Joseph Priestley）发现橡胶可擦去铅笔字迹，因此给它起了一个普通的名字，叫作"rubber"。后来，英国人马金托什（Mackintosh）把胶汁涂在布上，做成了雨衣。至今，英文中雨衣的别名还叫"马金托什"，便是为了纪念这位发明家。

当时人们还没有对橡胶研究透彻就已经迫不及待地将其进行了商业化应用，很快，这种物质遇热变黏、遇冷变硬的特性就使得橡胶工业发展受阻，直到美国发明家查尔斯·固特异的出现。1839年的一天，固特异不小心把一块混有硫黄和氧化铅的橡胶掉落在火炉中，橡胶在火炉里烤了一会就冒出了刺鼻的浓烟，固特异大为惊异，随后他就发现橡胶被烧焦成像皮革一样的物体，变得更加坚韧、更有弹性。谁都想不到怕热的橡胶居然要用高温才能完成蜕变，橡胶的性质终于被高温和硫黄改变了。从此之后，橡胶才被开发成为真正实用的工业产品。一个明显的变化是，在这一技术创造后的30年间，天然橡胶的需求增长了100倍之多。1898年，弗兰克·赛柏林创立了一家橡胶公司，便以固特异命名，以纪念这位伟大的创造家和这项具有里程碑意义的创造。

1886年，德国人卡尔·本茨先生制造了第一辆汽车；1888年，英国人邓禄普应用橡胶的特性造出了第一条充气轮胎。虽然最早的充气轮胎只是用在自行车上，但很快，橡胶充气轮胎便成了汽车的规范配置。随着汽车时代的到来，橡胶从土著居民的玩物变成炙手可热、必不可少的工业原料，人们甚至将它称为"黑色黄金"。

"黑色黄金"时代的到来使得橡胶成为重要的工业资源。但是在当时，橡胶树都是野生的，这些野生三叶橡胶树全部都生长在南美洲的亚马孙雨林中，其中以巴西境内数量最多，所以三叶橡胶树也叫作巴西橡胶树。也就是说，全世界一切橡胶原料都来源于巴西、秘鲁等几个美洲国家，而且为了垄断，巴西当局禁止橡胶树种子出境。1879年，英国商人韦克姆从巴西偷偷采集了7万多颗橡胶树种子，带到英国，栽种在皇家植物园。

由于英国不适合橡胶树生长，这些橡胶树苗被移植到英国在亚洲的殖民地，包括马来西亚和东印度群岛等。那里有着和亚马孙丛林地域类似的热带雨林型气候，土壤条件也很合适三叶橡胶树的生长，从此橡胶在东南亚地区开始迅速发展。目前世界天然橡胶的种植分布在亚洲、非洲、大洋洲和拉丁美洲等40多个国家和地区，其中亚洲天然橡胶产量约占全球总产量的93%，主产区为东南亚地区，包括泰国、印度尼西亚、马来西亚、越南及中国在内的13个国家，担负了全球天然橡胶供应量的90.5%。其中，泰国产量约占全世界的37%，印度尼西亚产量占比约为23%，再加上马来西亚和越南，四个主要产胶国占比高达80%左右。

图3.5 三叶橡胶树的胶乳

当橡胶树的表皮被割开时，就会流出乳白色的汁液，称为胶乳（图3.5）。胶乳经凝聚、洗涤、成型和干燥即得天然橡胶。地球上有2000多种植物可以提取橡胶。截至目前，人们发现用于工业橡胶的植物主要有三叶橡胶树、杜仲树、蒲公英草和银胶菊。最近也有关于橘皮油、甘蔗发酵提取橡胶用于轮胎的报道，随着研究的不断深入，新的橡胶资源或将继续问世。

杜仲树是世界上适应范围最广、发展潜力最大的优质胶源树种（图3.6）。世界95%以上的杜仲资源在中国。杜仲的果、叶和皮中均含有丰富的杜仲胶，其中叶含胶2%~3%，籽含胶12%~18%，皮含胶6%~10%。采用果园化种植模式，1公顷❶可产杜仲籽3600~4500千克，

图3.6 杜仲树

❶ 1公顷=10000平方米。

籽油可以用来制取高级食用油、保健品和美容化妆品等；籽壳、叶和皮在提取绿原酸、桃叶珊瑚苷等医药、保健活性成分后，可用于提胶，每公顷可产胶 600 千克以上。

银胶菊为菊科银胶菊属一年生草本植物，原产于墨西哥和美国南部半沙漠地区（图 3.7）。18 世纪，墨西哥印第安人发现可从银胶菊中提取橡胶物质，就尝试用银菊胶来制作游戏用的皮球。2012 年初，普利司通和固铂轮胎公司先后宣布进行银菊胶用于轮胎制造的研究工作。

图 3.7　银胶菊

俄罗斯蒲公英（橡胶草）的拉丁文名简称为 TKS（图 3.8），其根须具有加工成为天然橡胶的潜力，其产品可用作轮胎，包括胎侧、胎体和胎面部位的聚合物。俄罗斯蒲公英的外观与普通的蒲公英相似，但其根须系统更为复杂。

图 3.8　俄罗斯蒲公英

早在 20 世纪初，欧洲一些国家如法国、芬兰、瑞士、匈牙利以及捷克等国家的科学家就开始了蒲公英种植和提胶的研究工作，并提出了蒲公英含胶量 12% 的理论。相比于三叶橡胶树需要 5～7 年才能割胶，蒲公英从播种到收获仅需 1 年的时间，所以蒲公英橡胶被工业界认为是缓解天然橡胶供应不足的一种技术方案。

3.3 合成橡胶是怎样诞生的?

合成橡胶视频

从1493年哥伦布在美洲发现橡胶,到1839年固特异发明了橡胶硫化工艺,因为其富有弹性,天然橡胶逐渐变成了一种重要原料。当人们发明了汽车之后,橡胶被用来制造汽车的"鞋子"——轮胎,汽车工业一下子就成了橡胶的大主顾,天然橡胶也就成了一种重要的战略资源。但由于橡胶树只能在热带地区种植,产量有限,供需之间产生了矛盾,人们一直想制造出人造橡胶来代替天然橡胶。

1826年,M.法拉第首先对天然橡胶进行化学分析,确定了天然橡胶的化学式为C_5H_8。1860年,C.G.威廉斯从天然橡胶的热裂解产物中分离出C_5H_8,定名为异戊二烯。1879年,G.布查德用热裂解法制得了异戊二烯,又把异戊二烯重新制成弹性体。至此人们已完全确认天然橡胶的结构单元为异戊二烯,用低分子单体合成橡胶是可能的。

在第一次世界大战期间,迫于橡胶匮乏,德国人采用二甲基丁二烯聚合而成甲基橡胶,这种橡胶可以大量生产,而且价格低廉。尽管这种橡胶的耐压性能不理想,战后便被淘汰了,但它毕竟是第一种具有实用价值的合成橡胶。

大约在1930年,德国和苏联用丁二烯作为单体,金属钠作为催化剂,合成了丁钠橡胶。作为一种合成橡胶,丁钠橡胶对于应付橡胶匮乏而言还算是令人满意的,但合成丁钠橡胶的成本非常昂贵。于是人们从石油和石油副产品上动脑筋,终于找到了新途径:从石油或石油副产品中获得乙烯(图3.9),

图3.9 橡胶源于石油工业

把它压缩到 70 个大气压，与高压过热水蒸气混合，通过磷酸催化剂进行水合反应，制得了酒精。然后，再以酒精为原料，制成丁钠橡胶。

> **小贴士**
> 单体是能与同种或其他种分子聚合的小分子的统称。

后来人们发现，可以从石油加工过程中产生的废气——石油气中，生产出乙烯或丁二烯等，为制造人造橡胶提供了丰富的原料。

丁二烯与苯乙烯一起聚合，可以制得丁苯橡胶。丁苯橡胶可以与天然橡胶以任何比例混合使用，被称为通用合成橡胶，它的产量现在居合成橡胶首位。

丁二烯与丙烯腈聚合可制成特种耐油橡胶——丁腈橡胶，常用来制造飞机油箱、耐油胶管、油管衬里、密封垫片和印刷用胶辊等（图 3.10）。

图 3.10　由丁腈橡胶制造的垫圈

丁二烯制得氯丁二烯后，经过聚合可制得氯丁橡胶。氯丁橡胶具有耐油、耐热、耐老化、耐溶剂和耐酸碱等性能，被广泛用于制造电线包皮、油罐衬里、运输电和输送腐蚀性物质的胶管等。

人们还进一步改善聚丁二烯的性能，使丁二烯分子按严格的规律排列，制得顺式聚丁橡胶，简称为顺丁橡胶；用乙烯和丙烯共聚制成乙丙橡胶；另外，人们还合成了异戊二烯，用其制成异戊橡胶，它的化学成分与天然橡胶相同，被称为合成天然橡胶。

石油工业的迅速发展，使合成橡胶工业成了"有米之炊"。目前全球合成橡胶的产量早已远远超过天然橡胶。

3.4 合成橡胶的发展缘何后来居上？

橡胶是制造飞机、军舰、汽车、拖拉机、收割机、水利排灌机械和医疗器械等所必需的材料。根据来源不同，橡胶可以分为天然橡胶和合成橡胶。天然橡胶综合性能优良，特别是强度高、生热低、加工性能优良，所以至今仍是生产载重子午胎和大型轮胎的首选材料（图3.11）。

图 3.11　天然橡胶的生产

天然橡胶来源单一，其主要来源于橡胶树，橡胶树作为一种典型的热带作物，适宜种植的地域十分有限，我国可以种植橡胶林的面积还不到国土面积的1/1000。橡胶树成活6~7年后才开始割胶，一般产胶寿命只有20年左右。在正常条件下，每亩胶园的干胶产量只有50~100千克。一遇到台风、干旱和病虫等自然灾害，就会大幅度减产，在数量上难以满足日益增长的需求。

随着社会的发展，性能局限的天然橡胶也越来越难以适应人类各种各样的需求。例如，汽车胎面用胶既要使车辆安全舒适又要耐磨省油，内胎要求有高气密性；越野车和某些长期在恶劣环境下运转的汽车轮胎还要求耐光、耐老化；航天用的橡胶部件不仅需要耐几百摄氏度的高温，而且需要承受零下一百多摄氏度的低温，其使用温度区间非常大；不少设备的衬里既要耐腐蚀还要耐油；用于人体内部的橡胶材料一方面需要长期无害无损，还需要与人的机体组织有很好的相容性；有的橡胶制件还要求有抗震吸能性能。要满足这些形形色色的要求，只能依靠合成橡胶了。

合成橡胶起步虽然比天然橡胶晚了好几个世纪，但它却摆脱了天然橡胶生产受自然条件限制和性能单一的缺陷。合成橡胶是以二烯烃和烯烃为单体聚合而成的高分子聚合物，合成橡胶原料来源广泛，通过石油、天然气、煤炭乃至许多农产品都可获得生产合成橡胶的原料。合成橡胶虽然在性能上一般不如天然橡胶全面，但它具有高弹性、绝缘性、气密性、耐油、耐高温或低温等性能，因而广泛应用于工农业、国防、交通及日常生活中。以下的例子可以说明合成橡胶特有的作用：

（1）顺丁橡胶的弹性与天然橡胶相当，耐磨性却比天然橡胶高1.5倍。

（2）乙丙橡胶在100℃左右的使用寿命接近天然橡胶的100倍。

（3）丁基橡胶对空气的透过率仅为天然橡胶的1/10，硅橡胶对氧气的透过率则是天然橡胶的25倍。

（4）硅橡胶可在 $-100 \sim 200$ ℃之间使用，而天然橡胶一般只能在 $-20 \sim 60$ ℃之间使用。

（5）丁腈橡胶有天然橡胶不具备的耐油性能，氢化丁腈橡胶耐酸性介质的能力比丁腈橡胶好5倍，而且能在170~180℃之间使用。

正是由于以上原因，合成橡胶的发展速度大大超过天然橡胶。2019年，世界合成橡胶需求量达1518万吨，占全球橡胶消费量的53%。

3.5　合成橡胶的发展历程

1888年，英国人邓禄普发明了充气轮胎，随后被用在各种老式汽车上。随着汽车数量的大量增加，用于制造轮胎的橡胶需求量也变成了天文数字。面对天然橡胶供不应求的严峻形势，各国开始竞相研制合成橡胶（图3.12）。

19世纪初，德国拜耳公司的前身弗里德里希·拜耳染料厂的一名叫霍夫曼的员工研成功制出甲基橡胶，标志着合成橡胶的诞生，人类就此开启了合成橡胶的历史。

图 3.12　汽车轮胎工业的发展促进了合成橡胶的研制

大约在 1930 年，苏联利用 C.B. 列别捷夫的方法用酒精合成了丁二烯，并用金属钠作催化剂进行液相本体聚合，制得了丁钠橡胶。在同一时期，德国从乙炔出发合成了丁二烯，也用钠作催化剂制取丁钠橡胶。

20 世纪 30 年代初期，德国 H. 施陶丁格的大分子长链结构理论和苏联 H.H. 谢苗诺夫的链式聚合理论的确立为聚合物学科奠定了基础。同时，聚合工艺和橡胶质量也有了显著的改进。在此期间出现的代表性橡胶品种有：丁二烯与苯乙烯共聚制得的丁苯橡胶、丁二烯与丙烯腈共聚制得的丁腈橡胶。

20 世纪 40 年代初，由于战争的急需，促进了丁基橡胶技术的开发和投产。丁基橡胶是一种气密性很好的合成橡胶，最适于作轮胎内胎。此后，又陆续开发出了很多特种橡胶的新品种，例如硅橡胶和聚氨酯橡胶等。

20 世纪 50 年代中期，意大利科学家纳塔和德国科学家齐格勒提出了"定向聚合催化"的理论，将它应用到合成橡胶研究上，开辟了合成橡胶研制生产的新途径，代表性的产品有异戊橡胶、杜仲胶和顺丁橡胶等。在此期间，特种橡胶也获得了相应的发展，合成了耐更高温度、耐多种介质和溶剂，以及兼具耐高温、耐油的胶种，其代表性品种有氟橡胶和新型丙烯酸酯橡胶等。

20世纪60年代，合成橡胶工业以继续开发新品种与大幅度增加产量平行发展为特征，出现了多种形式的橡胶，如液体橡胶、粉末橡胶和热塑性橡胶等，其目的是简化橡胶加工工艺，降低能耗。到20世纪70年代后期，合成橡胶基本上可代替天然橡胶制造各种轮胎和制品，某些特种合成橡胶的性能是天然橡胶所不具备的。

20世纪80年代，第三代橡胶——热塑性弹性体以空前的速度发展，远超一般合成橡胶。热塑性弹性体中，苯乙烯类热塑性弹性体产量最大、用途最广。而聚烯烃类热塑性弹性体是热塑性弹性体中发展速度最快、品种牌号最多的一类产品。

进入20世纪90年代，活性聚合技术取得显著的进步。除负离子聚合功能性引发剂的开拓外，控制性正离子聚合和活性自由基聚合也取得重大进步。

合成橡胶已经发展了一百多年，现在，它的历史还在继续。

3.6 轮胎制造离不开它——丁苯橡胶

丁苯橡胶（SBR）是以丁二烯和苯乙烯为单体共聚而成的聚合物，其作为重要的合成橡胶品种，是世界上工业化最早、产量最高、消费量最大的通用合成橡胶（图3.13），因丁苯橡胶具有优异的物理机械性能和良好的加工性能，是天然橡胶最好的替代品种之一。丁苯橡胶广泛用于生产轮胎、鞋类、胶管、胶带和减震制品等领域，其中用于轮胎制造的橡胶超过总产量的

70%（图3.14）。目前世界上丁苯橡胶（SBR）产能约占七大合成橡胶品种（丁苯橡胶、乙丙橡胶、丁腈橡胶、丁基橡胶、氯丁橡胶、顺丁橡胶、异戊橡胶）的43%。

图3.13　丁苯橡胶生胶

图3.14　生活中常见的丁苯橡胶制品

1933年，德国采用乙炔合成路线首先研制出乳液聚合丁苯橡胶，并于1937年开始工业化生产。1942年，美国以石油为原料生产丁苯橡胶。1949年，苏联也开始生产丁苯橡胶。这些都是高温（50℃）下的共聚物，称为高温丁苯橡胶。20世纪50年代初出现了性能优异的低温丁苯橡胶，目前低温乳聚丁苯橡胶约占整体丁苯橡胶的80%。1951年开始生产充油丁苯橡胶，之后又出现了丁苯橡胶炭黑母炼胶、充油丁苯橡胶炭黑母炼胶、高苯乙烯丁苯橡胶、羟基丁苯橡胶和液体丁苯橡胶等。20世纪60年代中期，溶液聚合丁苯橡胶（SSBR）问世。

丁苯橡胶是一种不饱和的烃类高聚物，在光、热、氧和臭氧作用下会发生物理化学反应，但其被氧化的作用比天然橡胶缓慢，即使在较高温度下老化反应的速度也较缓慢。光对丁苯橡胶的老化作用不明显，但其耐臭氧性比天然橡胶差。丁苯橡胶的脆性温度约为 $-45℃$，低温性能稍差。与一般通用橡胶相比，丁苯橡胶具有以下优缺点。

▣ 优点

（1）胶料不易焦烧和过硫，硫化平坦性好；

（2）耐磨性、耐热性、耐油性和耐老化性能等均比天然橡胶好，高温耐磨性好，适用于乘用胎；

（3）加工中分子量降到一定程度后不再降低，因而不易过炼，可塑度均匀，硫化胶硬度变化小；

（4）提高分子量可达到高填充，充油丁苯橡胶的加工性能好；

（5）很容易与其他不饱和通用橡胶并用，尤其是与天然橡胶和顺丁橡胶并用，经配方调整可以克服丁苯橡胶的缺点。

▣ 缺点

（1）纯胶强度低，需加入高活性补强剂方可使用，加入配合剂的难度比天然橡胶大，配合剂在橡胶中分散性差；

> **小贴士**
> 共聚：将两种或多种化合物在一定的条件下聚合成一种物质的反应。根据单体的种类多少，共聚分二元共聚和三元共聚。

（2）反式结构多，结构不规整，侧基上带有苯环，因而比天然橡胶滞后损失大、生热高、弹性低、耐寒性也稍差，但充油后能降低生热；

（3）未硫化胶料收缩大、强度低，黏着性能不如天然橡胶；

（4）硫化速度比天然橡胶慢；

（5）硫化胶耐曲挠龟裂性比天然橡胶好，但裂纹扩展速度快，热撕裂性能差。

3.7 在航空工业及国防工业中备受青睐的丁腈橡胶

丁腈橡胶（NBR）是丁二烯和丙烯腈通过乳液聚合法制备的无规共聚物，其显著特征是分子链中带有腈基（—CN），具有优异的耐油、耐磨、耐热性能及良好的加工性能，主要用于制作耐油橡胶制品、改性剂和黏合剂等，是目前应用最为广泛的耐油胶种之一（图 3.15）。丁腈橡胶广泛应用于石油化工、航空航天、汽车、建材、纺织和印刷等领域，是国家战略性物资。

图 3.15　丁腈橡胶实物图

1934 年，德国 I.G.Farbrn 公司首次发表了 NBR 的相关专利，相比于天然橡胶，其在耐阳光、臭氧、热引起的老化方面表现不俗，同时兼顾耐极性溶剂、耐磨等特性，所以 NBR 一问世便引起人们的关注。1937 年，德国首次实现 NBR 的产业化。第二次世界大战的爆发极大地促进了丁腈橡胶产业化的发展。1939 年，美国开始 NBR 生产装置的投建，并于 1940 年投产。随后日本、俄罗斯和韩国等国相继实现 NBR 的产业化。国内 NBR 的生产始于 20 世纪 60 年代，虽然起步较晚，但发展较快，目前产能及产量位居世界第三。

腈基（—CN）作为一种极性基团，赋予了 NBR 很好的耐非极性溶剂或耐工作介质的能力。随着丙烯腈含量的增加，NBR 的耐油性、耐磨性、耐热性和拉伸强度等性能增强。—CN 基团还能增大分子间的相互作用力，降低分子链段的运动能力，从而使橡胶的柔顺性、耐寒性和弹性下降。根据产品的应用范围，NBR 又可分为通用型 NBR 和特殊型 NBR，通用型 NBR 主要是指丁二烯和丙烯腈的二元共聚物，包括硬质 NBR 和软质 NBR；特殊型 NBR 主要包括引入第三单体的三元共聚物以及特殊用途的 NBR，如氢化丁腈橡胶、羧基丁腈橡胶、液体丁腈橡胶以及粉末丁腈橡胶等。

> **小贴士**
>
> **无规共聚物**：两种或多种单体分子链段在大分子链上无规排列，单体在主链上呈随机分布，没有一种单体能在分子链上形成单独的较长链段。

由于飞机、潜艇和坦克等装备作战地域跨度大，密封、耐油等零部件需要适应气候、地域等的变化。NBR 因其优异的耐油性、低透气性及耐高低温等性能，在航空工业和国防工业中备受青睐，特别是特殊型 NBR。在橡胶分子上接枝官能团后对性能的影响有时并不亚于主链结构本身。在 NBR 聚合时引入含羧基的第三单体，制备出侧链含有羧基基团的 NBR，这种 NBR 又称羧基丁腈橡胶，在耐油性、拉伸强度、耐磨性、黏着性以及抗臭氧老化性能等方面较 NBR 有很大的改善，成为航空航天用黏合剂的关键材料。引入含酯第三单体后，NBR 的耐油性、耐寒性、耐老化性能和永久变形均有所改善，在密封领域大放异彩（图 3.16）。此外，相比于其他橡胶材料，NBR 具有更宽的使用温度，在潜艇、航空航天、建筑和汽车等行业成为必不可少的阻尼减震材料。

图 3.16　国防装备密封零部件

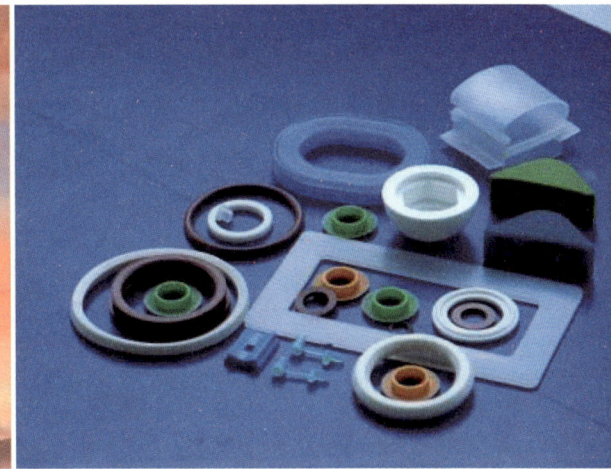

3.8 天然橡胶的最佳替代者——异戊橡胶

天然橡胶是一种独特的材料，既柔软又有韧性，还高度防水。日常生活中随处可见由天然橡胶制成的产品，如车辆的轮胎、运动鞋的鞋底、引擎、冰箱中使用的密封剂和绝缘电线电缆等，它还被制成衣物、运动球类和常见的松紧带。

19 世纪末到 20 世纪初，橡胶开始供不应求，天然橡胶难以满足日益增长的工业需求，人工合成橡胶迫在眉睫。1826 年，M. 法拉第首先确定了天然橡胶的化学式为 C_5H_8。1860 年，G. 威廉姆从天然橡胶的热裂解产物中分离出 C_5H_8，并将其定名为异戊二烯。1900—1910 年，化学家 C.D. 哈里斯（Harris）测定出天然橡胶的结构是异戊二烯的高聚物，这就为人工合成橡胶开辟了途径。20 世纪 60 年代，壳牌和固特异公司分别用烷基锂和铝钛引发剂催化合成了异戊橡胶，并实现了工业化生产。20 世纪 70 年代，中国科学院长春应用化学研究所首次发现了稀土催化剂可用于异戊二烯的定向聚合，在此基础上开发了稀土异戊橡胶，成为世界上继钛胶和锂胶之后的又一合成异戊橡胶新品种。

▌ 异戊橡胶与天然橡胶的相同点

分子结构相同。异戊橡胶和天然橡胶的主要成分都是顺式 -1,4- 聚异戊二烯，天然橡胶中（顺式 -1,4- 聚异戊二烯）含量在 90% 以上，异戊橡胶是由异戊二烯制得的顺式 -1,4- 聚异戊二烯橡胶，顺式 -1,4 结构含量为 92%～97%，其分子结构与天然橡胶相同，性能相近。

易于加工。天然橡胶存在一定数量的凝胶成分，分子量高、分子量分布宽，分子链易于断裂，易于进行塑炼、混炼、压延、压出和成型等工艺操作，硫化时流动性好。异戊橡胶塑炼时间短、混炼加工简便，硫化时流动性优于天然橡胶。

天然橡胶与异戊橡胶的不同点

（1）物理机械性能不同。天然橡胶分子量大，凝胶含量高，相应的物理机械性能好，属于自补强型橡胶，强度很高。异戊橡胶与天然橡胶相比，拉伸强度、扯断伸长、硬度、抗撕裂强度与耐疲劳性能稍差，难以单独用于高强力、高耐磨橡胶制品生产中。

（2）耐老化耐介质性能不同。天然橡胶含有少量蛋白质、脂肪酸等非橡胶烃成分，能有效降低外界环境对分子结构中双键的影响，使得天然橡胶对光、热、臭氧、辐射和重金属等的抵抗作用要强于异戊橡胶。异戊橡胶具备合成橡胶的性能特点，其耐酸碱性、耐氧化性和化学稳定性优于天然橡胶。

异戊橡胶的结构和性能接近天然橡胶，可以替代天然橡胶应用于轮胎、胶带、胶管和胶鞋等领域，故被称为合成天然橡胶（图3.17）。由于其结构不存在蛋白质、脂肪酸等非橡胶烃成分，特别适用于替代天然橡胶用于食品用制品、医药卫生用品和橡皮筋等日用制品（有些人会对天然橡胶中的蛋白质过敏）。

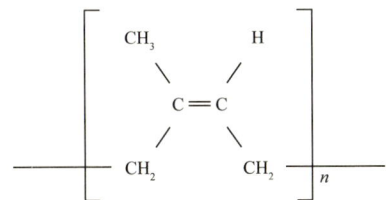

图3.17　异戊橡胶的分子结构式

在现有的合成橡胶主要品种中，其他品种均不能取代天然橡胶，只有异戊橡胶可以完全替代天然橡胶，目前世界上75%的异戊橡胶用来制造轮胎制品。

> **小贴士**
>
> 顺式：顺式异构，指两个相同的原子或原子团排列在双键的同一侧。

3.9 最具弹性的通用橡胶——顺丁橡胶

橡胶区别于其他聚合材料最大的特征就是具有高弹性。那么问题来了,到底谁才是橡胶里面最"弹"的呢?天然橡胶无可争议地登上了冠军的宝座。但是如果范围限定到通用合成橡胶中,那么最"弹"的就非本节的主角——顺丁橡胶莫属了!

现在先来了解一下顺丁橡胶的前世今生吧!丁二烯橡胶是以石油提炼生产中的副产品丁二烯为原料在催化剂的作用下诞生的,可见催化剂在合成橡胶工业中可谓是具有"点石成金"的作用。根据丁二烯橡胶自身的结构,可以将其分为顺式 -1,4 结构、反式 -1,4 结构和 1,2 结构(图 3.18),其中顺式 -1,4 结构含量达 97% 以上的丁二烯橡胶就是顺丁橡胶了。

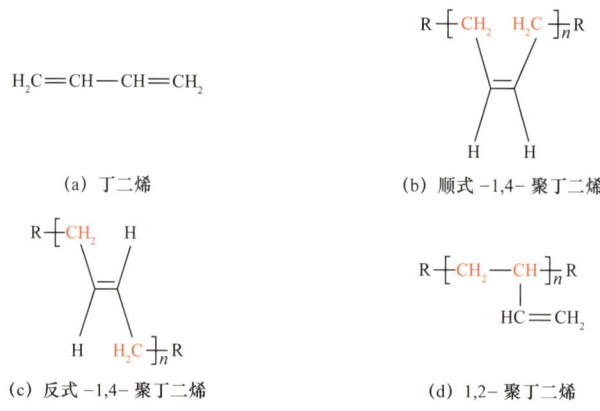

图 3.18　丁二烯和丁二烯橡胶的分子结构式

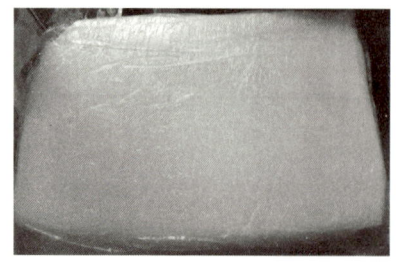

图 3.19　顺丁橡胶工业产品

顺丁橡胶的"素颜"到底长什么样呢?今天为大家揭开它神秘的面纱。从工厂制备出来以后,顺丁橡胶的外观是无色或浅色弹性体,如图 3.19 所示。那么加工应用以后,它又会变成什么样呢?这就要取决于它应用的领域了。

顺丁橡胶分子间作用力小，分子量高，因而分子链柔性大，玻璃化温度低（为 -110℃），在室温下无负荷时呈无定形态，承受外力时有很高的形变能力，是弹性和耐寒性最好的合成橡胶。正是由于它上述的优异品格，在生活中主要用于制备轿车的轮胎（图3.20）和耐寒要求较高的制品。在全世界合成橡胶的产量和消耗量上，顺丁橡胶仅次于丁苯橡胶，屈居第二。不过它也有脆弱的一面，通常条件下，顺丁橡胶无自补强性，耐刺穿性差，因此需要与其他胶种、填料和助剂并用才能更好地贡献于人类的日常生活。

图3.20　顺丁橡胶制备的轮胎

> **小贴士**
>
> 玻璃化温度：无定形聚合物（包括结晶型聚合物中的非结晶部分）由玻璃态向高弹态或者由后者向前者的转变温度，是无定形聚合物大分子链段自由运动的最低温度，通常用 T_g 表示。在此温度以上，高聚物表现出弹性；在此温度以下，高聚物表现出脆性。

近年来，随着顺丁橡胶体系催化剂的研究推陈出新，具有特色的稀土催化剂的机理研究不断深入，该产品的实力优势昭示出稀土催化剂旺盛的生命力和无限潜力，有望未来大规模代替传统的镍系顺丁橡胶。我国虽稀土资源丰富，但橡胶资源贫乏。随着石油化学和稀土科技的崛起，稀土催化合成橡胶的工业前景可期，将会提供大量的优质合成橡胶，实现稀土、环境和新能源等相关高新技术产业群的跨越式发展。

3.10　可作为轮胎理想胎面材料的集成橡胶

20世纪80年代，最早由德国科学家Nordsiek提出分子集成的理念，自此合成橡胶领域诞生了新的成员——集成橡胶（integral rubber）。从字面理解，它把若干胶种的性能集合于一体，从而兼具几种胶的特性，取得类似于共混的作用，但效果好于共混。为什么这么说呢？

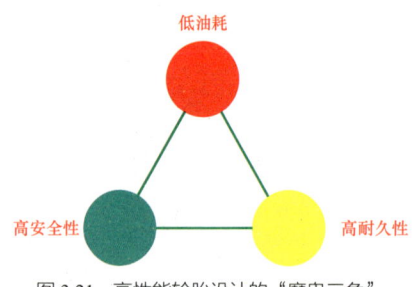

图3.21 高性能轮胎设计的"魔鬼三角"

目前人们对轮胎的要求主要归纳为三个方面：（1）高安全性，要求胎面用橡胶有较高的对地抓着力，减小刹车时制动距离；（2）低油耗，可以减少单位里程的油耗，经济省钱；（3）高耐久性，要求胎面耐磨，减少轮胎翻修次数（图3.21）。

任何单一的胶种都有优点，也有缺点，往往不能同时满足多项性能要求。过去的思路较多地建立在机械共混上，以期获得取长补短之效。但是共混胶的分散均匀度不好，共混物的性能充其量只能达到平均水平，而难以达到各参与组分的最佳水平。此时，集成橡胶的契机就随之而来了。

集成橡胶突出了高分子材料智能化设计的与众不同，即把不同的微观结构通过化学的方式将其键合在同一个大分子链上，从根本上克服了机械共混可能导致的分散性差与性能波动。具体来说，集成橡胶（SIBR）是采用原料苯乙烯（St）、异戊二烯（Ip）和丁二烯（Bd）制备得到的共聚物。共聚物中丁二烯或者异戊二烯链段的存在使其具有优异的耐低温性能，丁二烯—苯乙烯共聚链段使其具有优异的对地抓着力，二者的化学键合（偶联）则使其具有较高的燃油经济性，因而集成橡胶综合了各种胶的优点而弥补了各种胶种的缺点，非常适合制备轮胎胎面胶。

集成橡胶于1990年由美国固特异轮胎橡胶公司将其产业化，国内目前还未实现大规模的工业化，制备技术主要由中国石油和中国石化等企业掌握，与国外差距比较明显。集成橡胶的主要应用领域是轮胎制造业，以简化胎面胶的配方和设计为目标，用来代替多种通用胶的并用，从而解决轮胎工业在选用胶种时遇到的不能"两全其美"的难题。

随着石油分馏后 C_5 馏分的产能过剩，异戊二烯往往由于找不到下游市场扩大其应用而无"用武之地"，集成橡胶的开发应用也能为 C_5 馏分开辟下游市场，符合"循环经济的运作模式"。同时随着 2021 年新一轮国外轮胎标签法的强制实施以及国内轮胎产业的升级换代，整个行业对轮胎提出了轻质化和低油耗的要求，这为集成橡胶的发展提供了有利的客观条件和发展机遇。

3.11 合成树脂的"近邻"——乙丙橡胶

说起塑料的组成物质，大家会想起聚乙烯、聚丙烯等这类合成树脂，从它们俩的名称能够看出来，聚乙烯和聚丙烯是分别由乙烯单体和丙烯单体聚合而成的，而如果把乙烯和丙烯这两种单体放一块儿，就会制成合成树脂的近邻——乙丙橡胶。

乙丙橡胶是以乙烯、丙烯为主要单体的合成橡胶，因为它在原料、催化剂体系、合成工艺和基本性质等方面与合成树脂有许多相同或者相似之处，它们之间有一种难以分舍的相依关系，所以，人们将乙丙橡胶和合成树脂称为近邻。

乙丙橡胶在合成过程中，除乙烯和丙烯这两种单体外，还可以选择加第三种单体。如果不加第三种单体，合成的橡胶为二元乙丙橡胶。如果加了第三种单体，合成橡胶的为三元乙丙橡胶，这两种橡胶统称为乙丙橡胶。第三种单体通常是非共轭二烯烃，它有很多种类，但目前在工业上实际应用的只有两种，分别为 5-亚乙基-2-降冰片烯（5-ethylidene-2-norbornene, ENB）和双环戊二烯（Dicyclopentadiene, DCPD）。二元乙丙橡胶和加入双环戊二烯的三元乙丙橡胶的分子结构式如图 3.22 和图 3.23 所示。

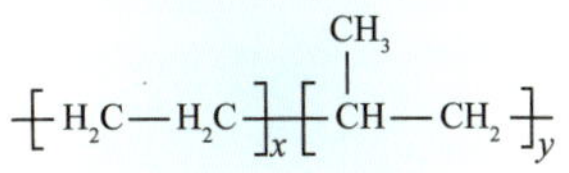

$$\underset{}{\left[\text{H}_2\text{C}-\text{CH}_2\right]_x \left[\overset{\text{CH}_3}{\underset{}{\text{CH}}}-\text{CH}_2\right]_y}$$

图 3.22 二元乙丙橡胶

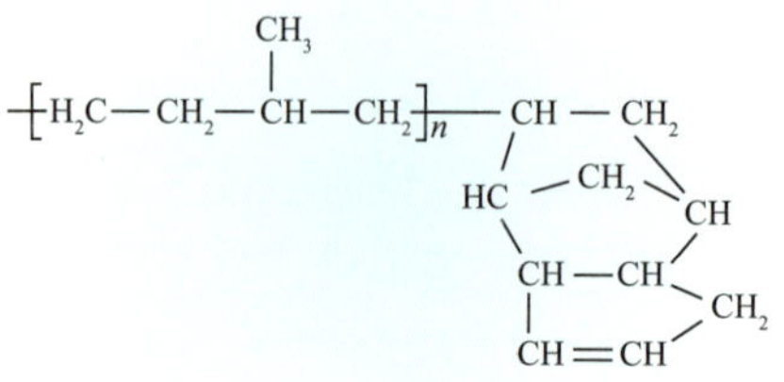

$$\text{---}[H_2C-CH_2-CH(CH_3)-CH_2]_n-CH-CH_2-\cdots$$

图 3.23　加入双环戊二烯的三元乙丙橡胶

上面的分子式中，n 为乙烯和丙烯共聚链段数目，通常为 20～125。

乙丙共聚物中乙烯含量在 20%～80%（摩尔分数）范围内。从乙丙橡胶的分子结构式看出，二元乙丙橡胶不含双键，所以不能用硫黄硫化，因而限制了它的应用，只占乙丙橡胶商品牌号总数的 15%～20%。而三元乙丙橡胶由于侧链上含有二烯烃，因此不但可以用硫黄硫化，而且还保持了二元乙丙橡胶的各种特性，从而成为乙丙橡胶的主要品种，并得到广泛应用，其占乙丙橡胶商品牌号总数的 80%～85%。

从物理性质看，乙丙橡胶的密度较低，为 870 千克/米³。二元乙丙橡胶外观是半透明、无色至乳白色固体。三元乙丙橡胶外观是无色至乳白色到浅琥珀色固体，两个均无味至微石蜡味。乙丙橡胶不仅弹性非常优异，在理论上和天然橡胶相近，而且还具有非常优良的耐候性和耐老化性，在热带、温带和寒带环境老化 10 年后，仍然牢固，也具有延展性，这也就意味着它至少有 10 年的自然使用寿命。另外，乙丙橡胶具有很好的耐热性，可在 80～100℃的范围内连续使用 1000 小时以上，在 120～150℃的范围内连续使用 3600 小时以上，在 180～200℃的范围内连续使用 1000 小时以上，在 700～800℃的范围内可耐数分钟。乙丙橡胶的耐高温热水或高温水蒸气性能要比耐热空气性能好得多，可在 100～160℃范围内的高温热水或高温水蒸气中连续使用数年。在耐臭氧性能方面，除硅橡胶、氟橡胶等橡胶以外，乙丙橡胶几乎可超过其他烃类制备的一切橡胶。

> **小贴士**
> 二元即二元共聚物，指由两种单体同时参与聚合生成的产物。

由于乙丙橡胶具有以上各方面的优良性能，其在汽车部件、建筑材料、电气材料、橡胶共混制品、添加剂或改性剂、橡胶制品、化学改性等领域有广泛应用,其中,汽车工业是乙丙橡胶最重要的应用领域。

3.12 在食品及医疗工业中大显身手的硅橡胶

硅橡胶是合成橡胶大家族中的一员,也是一种高分子材料。高分子即那些分子量非常高的化合物,它们的分子量可以高达几千甚至是上百万。而普通的分子,例如平时生活中离不开的水,它的分子式是 H_2O,分子量只有 18,可见,高分子的分子量实在是太高了。

所谓硅橡胶,顾名思义,就是这类橡胶里面含有硅元素。硅在大自然中含量很多,分布也很广,它是地壳中除氧元素之外最多的元素,约占地球表面的 28%,是组成岩石矿物的一个基本元素。虽然硅常见,但它的作用远超过人们的一般认识,硅在电子行业有着非常重要的应用,是制作手机、电脑等芯片的原材料。除此之外,硅还有一个非常重要的应用,就是用来制作在食品和医疗工业中大显身手的硅橡胶。为什么硅元素在不同的领域会有不同的应用呢?这主要是因为硅元素在其中的存在形式不同,芯片中的硅元素是以单晶硅的形式存在的,而在硅橡胶中则是以有机硅的形式存在的。有机硅就是那些通过氧、硫、氮等使有机基与硅原子相连接的化合物。在硅橡胶中,无数个硅(Si)原子和氧(O)原子通过"手拉手"的方式连接在一块儿,形成高分子聚合物的主链,硅橡胶分子式如图 3.24 所示。

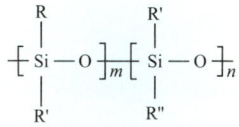

图 3.24 硅橡胶分子式

硅橡胶这种独特的结构,使它兼备了无机材料与有机材料的性能,它可在 180℃下工作很长时间,稍高于 200℃也能承受,工作数周或更长时间而仍然有弹性，瞬间可耐300℃以上的高温。因为硅橡胶有非常好的耐高温性能，所以它在航空航天、电子、化工、仪表、电器、汽车和机械等工业领域被广泛地应用。硅橡胶只有很强的耐高温性能吗？那你可就小瞧它了，它的耐低温性能也非常好，一般在-55℃下依然能正常工作，特殊配方的硅橡胶可在-100℃下正常工作。硅橡胶优异的耐寒性对其应用于航空航天工业的意义重大，可用作宇航器的密封圈、垫片、转换开关罩、弹性导管和发动机支架。与此同时，硅橡胶很难被燃烧，且耐辐射、有很好的电绝缘性能。硅橡胶对氧、臭氧及紫外线等十分稳定，在不加任何添加剂的情况下，硅橡胶制品就具有优良的耐候性，如生活中用的硅橡胶水杯，使用很久都不会出现损坏。此外，硅橡胶还具有生理惰性，因其不会导致凝血的突出特性，所以被应用在医疗行业中（图3.25）。

图3.25　硅橡胶制品

硅橡胶在日常生活中非常常见，根据用途可分为普通级硅橡胶、食品级硅橡胶和医用级硅橡胶等。硅胶床垫、硅胶手套和硅胶导热垫等都属于普通级硅橡胶。食品级硅胶指用于和饮食接触的器材的硅橡胶，其无毒无味，不溶于水和任何溶剂，是一种高活性的绿色产品，例如水杯、食用模具和锅铲等。医疗级硅胶无色、无毒，其不仅耐高温、耐氧化，柔韧性、透明性也高，同时还具有良好的相容性，能大大降低排异和畸变的发生率。有一种硅橡胶制品大家或多或少都了解一些，它就是硅胶假体，一般用于整容方面，例如硅胶假体隆鼻、硅胶假体额头和硅胶假体下巴等，其生物相容性好，对人体组织刺激小，可塑性强。当然，硅橡胶制品在医疗行业中的应用远不止于这些，硅胶不易降解，可以用在很多医疗辅助等方面，如心脏起搏器、心脏瓣膜、缝合材料、润滑剂、皮下缝针及注射器、血袋的表层等。

3.13　橡胶材料中的多面手——氟橡胶

氟橡胶也是合成橡胶材料中的一种，是主链或侧链的碳原子上含有氟原子的一种合成高分子弹性体，是现代工业尤其是高新技术领域中不可缺少和替代的基础材料。

氟是一种非金属化学元素，在自然界中广泛分布，在地壳的存量为0.065%，存在量的排序数为13。自然界中氟主要以萤石（CaF_2）、冰晶石（Na_3AlF_6）及氟磷灰石［$Ca_5(PO_4)_3F$］形式存在。人体中也含有氟元素，正常成年人体中含2～3克，主要分布在骨骼、牙齿中。在元素周期表中，氟是卤族元素之一，排在卤族最前面，具有非常强的非金属性。将具有这么特殊化学性质的氟元素引入橡胶中，使橡胶具备了优异的耐热性、抗氧化性、耐油性、耐腐蚀性和耐大气老化性。

首先，氟元素是已知的化学元素中负电性最强的元素，氟原子与碳原子组成的C—F键键能很高，例如CF_4中的C—F键键能为485千焦/摩，氧化程度最高，使其耐热、抗氧化，不受活泼化学物的侵蚀。

其次，氟原子半径很小，仅为0.064纳米，相当于C—C键键长（0.134纳米）的一半，使氟原子能紧密地排列在碳原子周围，形成了C—C键的屏障，赋予了含氟高分子弹性体突出的化学惰性。

最后，由于氟原子的存在，在其强吸电子效应和对C—C键屏蔽保护的作用下，使C—C键的键长缩短，键能增加。不仅如此，氟化了的碳原子与其他原子结合的键能也相应有所提高，这就提高了含氟高分子弹性体的耐热性和耐腐蚀性。当然，氟原子的引入也有不利影响，虽然使分子的刚性增强，但是柔性和耐寒性有所降低。

氟橡胶有好多种类型,包括氟橡胶 23、氟橡胶 26、氟橡胶 246、氟硅橡胶和全氟橡胶等,这个分类主要是根据合成它的有机物单体确定的,现在市面上被广泛使用的主要有 26 型、246 型等。

随着加工条件的改变,氟橡胶的物理机械性能可在较大范围内调整。氟橡胶的耐高温性能和硅橡胶一样,可以说是目前弹性体中最好的。在真空或空气中的热老化性能因品种而异,氟橡胶 26 一般在 250℃下长期使用,短期使用达到 300℃;氟硅橡胶、四丙氟橡胶等在 150～220℃的范围下可长期使用。但是,在高温下使用时,它的物理机械性能如抗撕裂性能等明显下降。氟橡胶具有极好的耐气候老化性能和耐臭氧性能,对日光、臭氧、气候和微生物的作用都很稳定。氟橡胶的耐低温性能较天然橡胶差,能保持弹性的低限温度一般为 −20～−15℃;四丙氟橡胶能保持弹性的低限温度仅为 0℃;但氟硅橡胶的低温性能优异,可在 −60～−40℃的范围下使用。氟橡胶对气体的溶解度比较大,但扩散速度却较小,所以总体表现出来的透气性也小。

由于氟橡胶具有耐高温、耐油、耐高真空、耐酸碱和耐多种化学药品的特点,应用于现代航空、导弹、火箭、宇宙航行、舰艇和原子能等尖端技术,是国防尖端工业中无法替代的关键材料。与此同时,它也在汽车、造船、化学、石油、通信、仪器和机械等工业领域得到广泛应用,可谓是橡胶材料中的多面手(图 3.26)。

图 3.26　氟橡胶制造的垫圈

3.14 运动场上不可或缺的聚氨酯橡胶

1961年,美国3M公司首次采用聚氨酯(PU)材料铺设赛马跑道。1968年的墨西哥奥运会组委会宣布正式启用聚氨酯塑胶跑道作为官方赛道,并将其指定为国际体育赛事必备设施,从此历届奥林匹克运动区、辅助区均采用了聚氨酯塑胶铺装,成为目前国际上运动场地最佳铺装材料之一,在世界各国得到大力推广应用(图3.27)。国内第一条聚氨酯塑胶跑道诞生于1979年,建设在北京工人体育馆。

随着全民健身运动的深入开展及塑胶跑道行业技术水平的日益成熟,聚氨酯塑胶跑道也从专业竞技赛场走近大众生活,成为人们生活中必不可少的"全天候"田径运动场。那么它是如何在众多的地面装饰材料中脱颖而出,成为运动场上不可或缺的"霸主"呢?具体原因见以下的分解:

(1)弹性极佳。聚氨酯是一种高分子化合物,因其耐曲折、拉伸性强、柔软性以及透气性好而被广泛应用,聚氨酯塑胶具有上硬下弹的性能。

图3.27 塑胶跑道

（2）具有超强的弹性。铺装在运动场地面上，可以有效提高运动的缓冲力，从而减少对运动员脚踝、关节和韧带的伤害，同时还能降低在运动中因跌、摔造成的意外伤害。

（3）面层坚韧耐磨。聚氨酯塑胶跑道地面面层具有坚韧、密实的性能，不易被鞋底或其他硬物刮花，其耐磨性能也比较好，可以长时间使用，寿命较长。

（4）耐候性极佳。一些运动场都建设在户外，经常受风吹日晒，其他的地面装饰材料很容易出现褪色现象，严重影响美观程度。但是聚氨酯材料不会因为紫外线的照射以及雨水的侵袭而出现褪色的现象，可以一直保持鲜亮的颜色。

（5）抗风化性能好。户外的运动场地不可避免地有风吹日晒等情况，这些情况对于一般地面都有侵蚀作用，会造成地面的粉化或者软化现象，而聚氨酯材料却不会出现这种情况。

塑胶跑道的铺面材料主要由 PU 预聚体、PU 橡胶颗粒或三元乙丙橡胶（EPDM）颗粒、稀释剂等多种分子量不同、化学性质活泼、结构稳定性互异的有机烃类及其衍生物组成，是一种具有橡塑特性的合成材料弹性体。由于聚氨酯橡胶具备减震、防水、高弹和耐磨等特性，还被广泛应用于体育防护器材的生产和制备中，如头盔、衣料、内衬和鞋包等。

3.15 橡胶与塑料的"混血儿"——热塑性弹性体

橡胶独有的特性就是具有高弹性，即外力作用能改变材料形状，而外力撤去后材料具有恢复本身形状的特性，这是其他材料（如塑料、纤维等）不具备的，因而生胶如直接用于生产制品，则不能保证制品的固定形状。传统的合成橡胶只有通过硫化交联作用才具有实际使用价值，但是硫化这道工序较为烦琐，既费时费力，又要消耗不少能量。20 世纪 50 年代以后，一类新型的橡胶迅速发展，这便是热塑性弹性体（TPE/TPR）。这类橡胶在加热时像塑料一样有可塑性，完全可以用加工塑料的方法加工，节约了硫化所需要的能源和劳动力；而在常温和较低温度时又像橡胶一样，它的物化性能往往介于传统橡胶和塑料之间。

大多数热塑性弹性体由两部分组成，一部分称作硬段或硬区，呈现塑料性能；另一部分称作软段或软区，呈现橡胶性能。两部分整合的结果，使材料的性能具有两重性。例如当前产量最大的丁苯热塑性弹性体（SBS）就是由聚苯乙烯硬段和聚丁二烯软段相互嵌接而成的。

在科学家的调教下，这项技术已成为一种十分有趣的技巧性工艺。人们可以按照设计制造出各种结构式样的产品，而且生产工艺也可灵活多样。例如，可以让苯乙烯先聚合，反应过半时加入丁二烯，让丁二烯抢先与有活性的聚苯乙烯链段聚合，最后再让另一半苯乙烯聚合，这样便生成了三嵌段形状的SBS（图3.28）。

图3.28　丁苯热塑性弹性体SBS结构示意图

SBS主要用在制鞋、沥青改性、塑料改性和黏合剂等领域。在制鞋方面，由于SBS生产成本低，加工工艺简单以及性能优良（包括弹性、抗湿滑性和轻便性等），已成为鞋底材料的主导产品。改性沥青可用作铺覆路面材料及防水材料。以铺路为例，SBS改性道路沥青可避免普通沥青在夏季高温时路面老化、黏胎和在冬季发生低温脆裂、疲劳开裂等问题，不但大大提高路面寿命，还大大提高乘车舒适性和安全性。我国"国门第一道"的首都机场高速公路就采用了SBS改性沥青。

SBS热塑性弹性体的优点不少，可是缺点也很明显：随着温度的升高，它容易变形，力学性能迅速变坏，耐热老化性能不理想。后来又开发生产了氢化SBS，在一定程度上克服了这方面的缺点。

热塑性弹性体的形象时而出现在塑料行业,时而出现在橡胶行业,它和两个行业都有着"血缘"关系(图3.29)。

图3.29 热塑性弹性体的"血缘"关系

20世纪70年代以来,热塑性弹性体的增长速度远远超过一般的合成橡胶,而且发展前景很好。热塑性弹性体TPE/TPR材料已成为取代传统橡胶的最新材料,其环保、无毒、手感舒适、外观精美,使产品更具创意,因此也是一种更具人性化、高品位的新型合成材料,也是世界化标准性环保材料。热塑性弹性体的发展适应保护生态、改善环境的大趋势,如今它已被广泛应用于汽车、建筑、家具、电器、食品包装和医疗等行业。

3.16 神奇的可流动液体橡胶

说起橡胶,人们常常想到的就是生活中常见的以固体形式存在的橡胶制品,然而鲜有人知的是橡胶大家庭中还存在一种神奇的、可流动的液体橡胶。为什么橡胶还可以流动?其实这最主要的原因就在于它的分子量足够低,液体橡胶是一种分子量在2000~10000之间,在室温下为黏稠状流动液体的特殊橡胶品种(图3.30)。

液体橡胶看起来质地柔软,但经过适当的化学反应后可以形成三维网络状结构,同样具有与常见的固体橡胶类似的物理机械性能。固体橡胶要成为产品必须经过与多种配合物质的混炼、成型和硫化等多道程序，需要耗费很多能量；而液体橡胶只需要将各种配合物质掺和进来，通过加热让它产生网络状结构便可得到产品。液体橡胶与各种配合物质掺混后，在未加热情况下仍处于液体状态，比如用它制作小零件时，只需要向模具的小缝隙内注入液体橡胶再加热便可得到，在加工操作方面十分方便，具有不可比拟的独特优势。

图 3.30　多种多样的液体橡胶

此外，液体橡胶还具有一些其他优势：液体橡胶是浇铸型弹性体，加工工艺易于实现机械化、连续化和自动化，可以减轻劳动强度和改善作业环境；加工设备和模型的投资大大减少；有效节约能源与资源；不用溶剂、水等分散介质，可在液体状态下加工；借助橡胶分子链扩展和交联方法，可以广泛调节物理机械性能和硫化速度。

液体橡胶在整个橡胶大家庭中虽然体量占比较小，但种类繁多，几乎所有高分子固体橡胶都有相应低分子量液体橡胶。由于液体橡胶种类繁多，其用途也十分广泛。无官能团的液体橡胶主要用作热固性树脂、涂料、其他橡胶与树脂的添加改性剂。无规羧基液体橡胶可与酸酐和锌、环氧树脂、镁氧化物起交联固化，用作火箭固体推进剂的粘接剂。端羧基液体橡胶主要用作密封材料、胶黏剂和涂料，并具有良好的耐水性、介电性和耐寒性。端卤基液体橡胶主要制备对木材、金属、玻璃以及混凝土的胶黏剂、密封材料以及防水材料。端羟基液体橡胶除用作橡塑改性剂外，还可制成防腐、耐低温、电绝缘及水溶性特种涂料。

此外，一些医疗器械和移植物的制造也使用液体橡胶。在医疗器械领域，医用级液体硅橡胶可生产用于医院和手术室安全使用的耐用、无电抗物品；制作牙齿模具、生产柔韧医学移植物、开发专用医疗设备也可以使用液体硅橡胶；许多液体橡胶还能用着色剂染色，并根据需求调整中性色调（图 3.31）。例如，生产拍电影用的假肢就可以用染成演员皮肤颜色的橡胶，在屏幕上给人以假乱真的视觉效果。

图 3.31　添加着色剂的液体橡胶

3.17　合成橡胶胶乳与人们的生活同在

橡胶胶乳又称乳胶，是一种黏稠的乳白色液体，外观像牛奶。胶乳为橡胶微粒分散于水中形成的胶体乳液的总称，一般可以将橡胶胶乳分为天然胶乳、合成胶乳和人造胶乳三类。

天然橡胶胶乳指橡胶树割胶采集的胶乳，是依靠人工割胶、采集和加工而成的一种原材料，属于橡胶类的热塑性合成树脂。新鲜的天然胶乳物质组成较为复杂，其含橡胶组分、水、蛋白质、天然树脂、糖类和灰分等，主要用于海绵制品、压出制品和浸渍制品等。人造胶乳指将固体橡胶用溶剂溶解后，加入水和表面活性剂等组分，使橡胶微粒分散于水中，然后蒸除溶剂而制得。合成胶乳一般指通过乳液聚合制得的橡胶胶乳，为提高固含量，首先使橡胶微粒附聚成较大的颗粒，再采用与天然胶乳相似的方法浓缩，主要用于地毯、造纸、纺织、印刷、涂料及胶黏剂等（图 3.32 和图 3.33）。

最早商用的合成胶乳是氯丁胶乳，约在 1934 年就有市场销售氯丁胶乳。

1942年开发出了羧基胶乳，20世纪50年代初又开发了人造胶乳，到20世纪70年代，几乎所有合成橡胶都有相应的合成胶乳。近30年来，合成胶乳得到了迅速发展，国外合成胶乳用量已占全部胶乳用量的70%。合成胶乳用量增长很快的原因主要是：（1）天然胶乳供不应求；（2）能赋予制品某些特殊性能，如耐油性、耐老化性和耐热性等；（3）石油化工产业的高速发展为合成橡胶及胶乳提供了大量价廉的原料。合成胶乳一般按照聚合单体的品种分类，目前产量、消费量较大的胶乳主要是丁苯胶乳、丁腈胶乳和氯丁胶乳。

图 3.32　天然胶乳、人造胶乳与合成胶乳

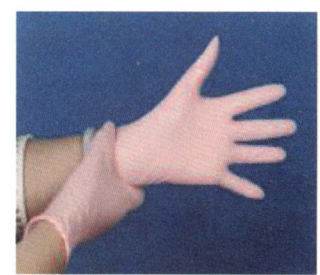

图 3.33　生活中常见的橡胶胶乳制品

丁苯胶乳是以丁二烯和苯乙烯经低温聚合而成的稳定乳液。根据苯乙烯含量、乳化剂和聚合温度等不同而生产出多种品种，其性能和用途也不同。它具有粘接力和结膜强度较高，化学稳定性较好，流动性、储存稳定性均佳，填充量大等优点，广泛应用于印染工业、胶乳制品、纤维织物浸渍、轮胎浸渍和涂料胶黏剂等领域。

> **小贴士**
> 附聚：悬浮在气体或液体中的固体或液体微粒，由于布朗运动、涡流、热效应或声波等的作用，相互碰撞而团聚成较大的颗粒，这个过程称为附聚。

丁腈胶乳是由丁二烯和丙烯腈乳液共聚而制得，由于聚合物分子链中含有腈基，因而具有良好的耐油性、耐溶剂性及耐化学药品性，与纤维、皮革等物质具有良好的黏合力，与淀粉、干酪素和乙烯基树脂等高分子物质有良好的相容性。丁腈胶乳主要用于胶黏剂和耐油、耐溶剂浸渍制品，还可以用于纸浆添加剂、纸张加工、无纺布、表面涂层、石棉制品添加剂、耐油薄膜和耐油手套等。

氯丁胶乳是以氯丁二烯在乳液中聚合而成的，可以生产许多不同特性和用途的品种，以适应不同制品的需要。因氯丁胶乳干胶膜具有与天然胶乳相似的柔软性、拉伸强度、定伸应力、拉断伸长率，又有很好的耐臭氧老化性、耐化学药品性及很小的透气性，特别适于制造气象气球、工业手套、家用手套和织物涂胶等。

3.18 什么是橡胶的硫化？

橡胶硫化是指生胶大分子链在一定温度、压力条件下，与硫化剂、促进剂等发生化学反应，由线型高分子转变为三维网络结构的过程。硫化是橡胶制品生产过程中最重要的环节之一，使未硫化胶料转变为硫化胶，从而赋予橡胶各种宝贵的物理性能。

"硫化"一词最初由天然橡胶制品用硫黄作交联剂进行交联而得名。硫化就好比"架桥"，是一种把一些线型高分子通过交联（架桥）作用形成网状高分子的工艺工程（图3.34）。可通过蒸馒头这个事例来了解硫化过程，其主要是将淀粉和水混合后利用其附着性使淀粉颗粒抱团，从而形成面团；利用酵母菌的无氧呼吸以及有氧呼吸产生二氧化碳在面团中"乱跑"，导致馒头形成疏松多孔的结构，因此面团变胖了并且不容易变散，达到了交联的作用。

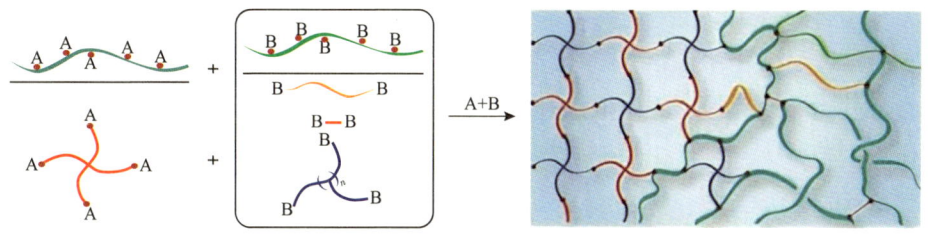

图 3.34 硫化过程分子结构的变化

正如蒸馒头需要利用酵母菌的有氧呼吸及无氧呼吸似的，橡胶的硫化也需要借助一些条件使分子之间发生交联。橡胶的硫化过程的主要影响因素包括硫化压力、硫化温度和硫化时间，通常被称为"硫化三要素"。施加压力的主要作用是排除橡胶制品在硫化过程中内部产生的气体，防止制品内部出现气泡，提高胶料的致密性，还能加速胶料的流动以充满模腔，达到提高制品物理机械性能的目的。硫化属于一种化学反应，同其他化学反应一样需要依赖温度。随着温度的升高，硫化反应的速率也不断提高，从而直接影响生产效率，但是并不能无限制地提高硫化温度，一般硫化温度越高，胶料的物理机械性能越低，过高的温度会引起橡胶分子链破解和发生硫化返原现象。在一定的硫化温度和压力的作用下，只有经过一定的硫化时间才能达到符合设计要求的硫化程度。通常硫化时间要根据胶料达到正硫化的时间以及制品的厚度等进行调整。硫化时间范围可通过橡胶的硫化曲线获得，其可大致分为四个阶段，即焦烧期、热硫化期、平坦期及过硫化期（图 3.35）。

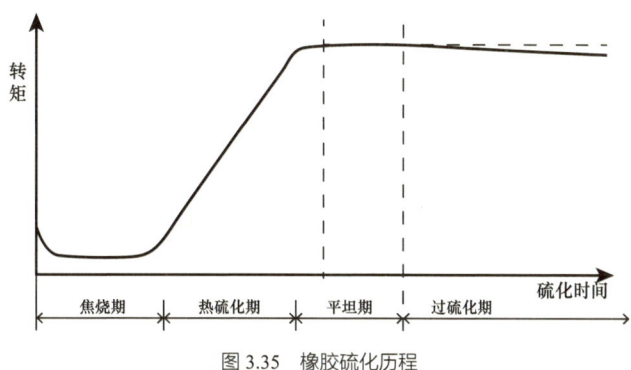

图 3.35 橡胶硫化历程

焦烧期是橡胶正式硫化的准备阶段，相当于硫化反应中的诱导期。在此阶段主要是硫化体系中各组分之间的反应，橡胶并没有发生交联反应，仍具有很好的流动性。热硫化期是胶料正式硫化的阶段。焦烧期产生的交联前驱体与橡胶分子链发生化学反应，逐渐形成立体网络结构，橡胶的弹性和拉伸强度快速增加，胶料逐渐失去流动性。平坦期橡胶的交联反应已基本完成，但依旧存在交联键的重排和裂解反应。在这个阶段内，这两种反应和交联反应处于平衡状态，所以在硫化曲线中呈现一段较为平坦的曲线区间。过硫化期也存在着交联的重排，但主要是交联键及链段的热裂解反应，因此胶料的拉伸性能会显著下降。

3.19　改性技术为橡胶助力赋能

你对橡胶的第一印象是什么？它是每天穿在你身上保护你双脚的鞋子，柔软且富有弹性？它是日常锻炼必不可少的瑜伽垫，轻质又具有良好的回弹性？它是柏油马路上飞驰而过的小汽车上面的轮胎，耐磨、耐刺扎？还是说它是形形色色的橡胶垫片，耐油、密封性能好？脑海里出现了各种橡胶制品，一时竟给不出明确的答案。但你会发现，橡胶已成为交通运输、航空航天、石油化工以及日常生活中不可或缺的材料，在各个领域发挥着不可替代的作用。其实，橡胶并非"生来"就有这么多可用的价值，通常需要对其进行改性，赋予其良好的力学性能，或者将其功能化才能满足实际性能需求。橡胶的改性技术可分为化学改性、掺（共）混改性、填料改性等（图3.36）。

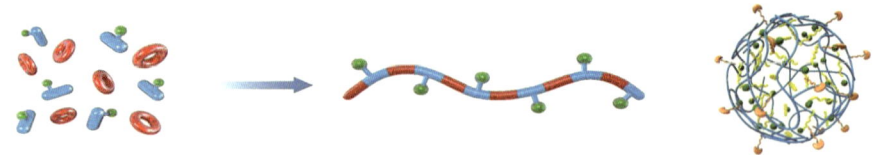

图 3.36　橡胶化学改性及掺混改性示意图

化学改性是指在橡胶分子链中引入某种基团,如羟基、羧基、酯基等,或降低不饱和度以改善橡胶性能的方法。通过改性所得的一些衍生物可以克服橡胶某一方面或某些方面的不足,扩大其应用范围。例如,在丁腈橡胶中引入丙烯酸或者甲基丙烯酸,可改善其耐油性、耐磨性、黏着性以及抗臭氧老化性能,成为制备胶辊、动态密封件及航空航天用黏合剂的关键材料。

掺混改性的主要目的是利用每种材料的优势,通过性能互补改善各自性能上的不足。以天然橡胶为例,天然橡胶具有良好的综合力学性能和加工性能,但其耐热氧老化性、耐臭氧老化性、耐油性及耐化学介质性欠佳,可通过掺混合成橡胶改善它的性能,如掺混丁苯橡胶改善天然橡胶的耐磨性、耐老化性能。橡胶也可与合成树脂共混。合成树脂性能上的优势是具有高强度、优异的耐热老化性和耐各种化学介质腐蚀性,这些恰恰是某些合成橡胶缺少而又需要的,可通过与某些少量的合成树脂共混提升橡胶的使用价值。

> **小贴士**
>
> 衍生物:一般指一种简单化合物中的氢原子或原子团被其他原子或原子团取代而生成的较复杂的产物。

填料是橡胶工业的主要原料之一,属粉体材料。填料用量相当大,几乎与橡胶本身用量相当。填料有补强填料和填充填料之分。在橡胶中加入一种物质后,能够提高橡胶的体积,降低橡胶制品的成本,改善加工工艺性能,而又不明显影响橡胶制品的性能,凡具有这种能力的物质被称为填充剂。最常用的填充剂主要是无机填料,如陶土、碳酸钙和硅铝炭黑等。在橡胶中加入一种物质后,使硫化胶的耐磨性、抗撕裂强度、拉伸强度等性能获得较大的提高,凡具有这种作用的物质被称为补强剂,如炭黑、石墨烯和碳纳米管等。其实,有些补强剂的加入不仅仅可提高橡胶的力学性能,还能赋予橡胶导热、导电等性能,如石墨烯、碳纳米管等(图 3.37)。

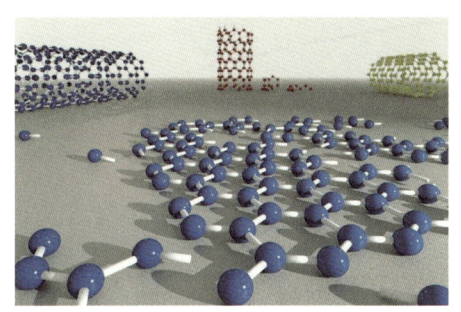

图 3.37　橡胶无机纳米填料

3.20 橡胶也有寿命吗?

正如食品有保质期、车辆有报废年限、铁会生锈、人要衰老一样,橡胶也是有使用寿命的。生胶或橡胶制品在加工、储存或使用过程中,会受到热、氧、光等内外因素的综合作用而引起橡胶物理化学性质和力学性能逐步减弱,最后丧失使用价值,这种变化称为橡胶的老化。

橡胶发生老化现象源于其长期受热、氧、光、机械力、辐射、化学介质和空气中的臭氧等外部因素的作用,使其大分子链发生化学变化,破坏了橡胶原有化学结构,从而导致橡胶性能变差(图 3.38)。导致橡胶发生老化现象的外部因素主要有物理因素、化学因素及生物因素。物理因素包括热、光、电、应力等;化学因素包括氧、臭氧、酸、碱、盐及金属离子等;生物因素包括微生物(霉菌、细菌)、昆虫(白蚁等)。这些外界因素在橡胶老化过程中往往不是单独起作用,而是相互影响,加速橡胶老化进程。在这些因素中,最常见且最重要的化学因素是氧和臭氧;物理因素是热、光和机械应力。一般橡胶制品的老化均是由它们中的一种或几种因素共同作用的结果,最常见的是热氧老化,其次是臭氧老化、疲劳老化。

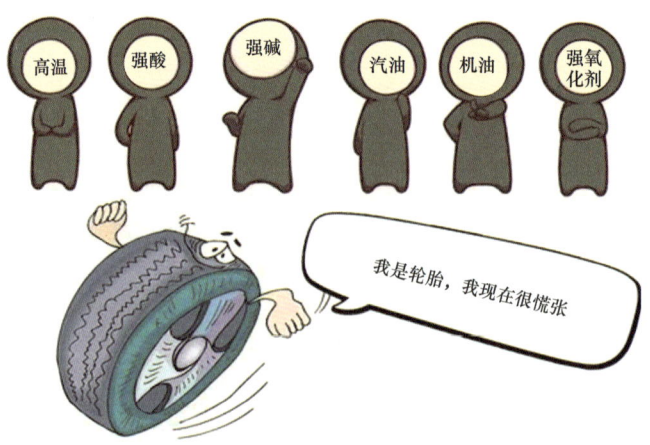

图 3.38 橡胶制品在自然条件下发生老化

热氧老化是材料在热和氧的双重因素下发生的老化现象,是橡胶最为常见的老化类型。热氧老化遵循自由基链式的自动催化氧化反应机理,图3.39呈现了橡胶热氧老化的过程。有些橡胶在老化过程中由于自由基偶合使得交联密度提高,出现变硬、变脆等现象;而有的橡胶会发生分子链降解使得交联度降低,出现发黏、变软等特征。

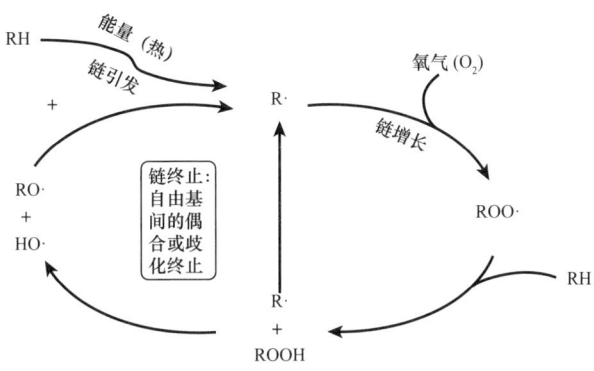

图 3.39　橡胶热氧老化循环过程

臭氧在大气中含量极低,橡胶在老化过程中,臭氧会攻击橡胶分子,使橡胶膨胀,致使其表面产生裂纹。臭氧与橡胶分子中的双键进行反应,生成摩尔臭氧化物和过氧化物,进而再生成臭氧化物。该臭氧化物在光和热等的作用下分解成自由基,导致链增长反应。

橡胶的疲劳老化是指橡胶制品在受到某种频率和周期应力的作用下,橡胶材料的分子结构发生改变而出现的老化现象,是由两个主要因素活化作用的结果,即力和热作用的结果。

橡胶的老化是一种复杂的综合化学反应过程,要绝对防止橡胶老化的发生是不可能的。因此,只有认真研究导致橡胶发生老化的各种原因,并根据这些原因对症下药,采取适当的措施,才能延缓橡胶老化的速度,从而达到延长橡胶使用寿命的目的,主要措施有物理防护法及化学防护法。物理防护法是指尽量避免橡胶与各种老化因素相互作用,如采用橡塑共混、表面镀层或处理等。化学防护法是指主动加入物质来防止或延缓橡胶老化反应继续进行,如加入胺类或酚类化学防老剂。

3.21 轮胎为什么是黑色的?

不知道大家有没有发现,小到摩托车、轿车的轮胎,大到卡车、飞机的轮胎,尽管它们的大小、花纹、材料和结构各种各样,但它们的颜色似乎非常单一,只有黑色,在如今色彩缤纷的世界里,人们为什么要选择黑色作为轮胎的主色调呢?

其实早在 1844 年,第一条橡胶轮胎就问世了。当时制造轮胎的材料主要是灰白色天然橡胶,之后轮胎制造商更是在轮胎中加入了白色氧化锌粉末以提升轮胎的耐磨性,所以早期生产的轮胎颜色都比较浅,偏向白色,例如 1894 年别克车轮胎是白色的并且没有任何花纹(图 3.40)。进入 19 世纪以后,生产商在制造轮胎的过程中,会加入不同种类的添加剂来得到五颜六色的轮胎,一度成为当时的潮流。到了 20 世纪 30 年代,国外许多拥有轿车的人为了彰显自己的地位,纷纷把轮胎的外侧壁刷上白色油漆,以区别他人并体现个性。但是这种白色轮胎无论轮胎强度还是抗撕裂性都不够理想,老化明显,寿命只有现代轮胎的 6%,使用时间久了胎面会泛黄发黑,胎侧斑驳,失去了装饰效果。

图 3.40 装配白色轮胎的汽车

为了解决这个问题，人们开始对轮胎进行不同方式和程度的补强，黑色轮胎也由此发展起来。炭黑是一种疏松、质轻而极细的黑色粉末，是气态或液态的碳氢化合物在空气不足的条件下进行不完全燃烧或热裂分解所生成的无定形碳。最初炭黑在轮胎中仅作为调色剂，直到1904年，有人发现它对橡胶有着优异的补强作用。这种黑色物质能够显著改善轮胎的耐磨性能，提高轮胎的机械强度，使用寿命达到了之前轮胎的十倍以上，大大提高了轮胎的耐久性和载具的行程。

但由于炭黑成本问题，炭黑在轮胎中的使用量仅为20%～30%，只是在早期轮胎的胎面部分加入了炭黑，而胎壁仍然是白色的（图3.41）。随着第一次世界大战开始，锌作为黄铜的原料大量用于生产子弹和炮弹，轮胎用的氧化锌开始出现短缺，进一步推动了炭黑的需求和产量，炭黑在轮胎制造中的比例越来越高，早期轮胎中白色的部分越来越少，最后完全消失，自此轮胎就完全变成了黑色。

研究发现，黑色还能够抵抗紫外线，有效防止因紫外线导致的轮胎开裂和老化，而白色或彩色的轮胎容易让对面驾驶员感到炫目，增加驾驶风险，黑色轮胎则能够避免这些问题。轮胎工业发展至今，白色和彩色轮胎始终只

图3.41　装配黑白色轮胎的汽车

能作为装饰轮胎使用，其成本、性能等很多方面还是无法与黑色轮胎相提并论，因此，现在的轮胎都是黑色的。

3.22 "绿色轮胎"是指颜色是绿色的轮胎吗？

经历了两个世纪的发展，轮胎已经成为人们生产生活中的必需品。当谈起汽车污染时，人们最先想到的是汽车尾气。但是你知道吗，轮胎在使用过程中，产生的磨损颗粒物是汽车污染最大的"贡献者"，例如备受关注的$PM_{2.5}$，轮胎颗粒物的贡献度远远大于汽车尾气。专家预计到2030年，轮胎颗粒物将占到所有$PM_{2.5}$污染的10%，它们会随着雨水进入河流与海洋，最终进入人体，给人们的健康带来巨大隐患。在环境问题日益严峻的背景下，著名轮胎公司米其林提出了"绿色轮胎"的概念，并在1992年生产了第一条绿色轮胎（图3.42）。那么这条轮胎是绿色的轮胎吗？当然不是。

图3.42 黑色轮胎和"绿色"轮胎

众所周知，人们所见的轮胎都是黑色的，而绿色轮胎的概念是指在轮胎的配方中采用二氧化硅来取代传统补强剂炭黑，以提升轮胎的耐磨性，降低轮胎的磨损和车辆的油耗，因此它也称环保或低污染轮胎。对于绿色轮胎来说，低滚动阻力、高抗湿滑性能和高耐磨性是三项关键性能指标，也是区别于普通轮胎的三个优势。

滚动阻力是指当充气轮胎在理想路面（通常指平坦的干、硬路面）上直线滚动时，其外缘中心对称面与车轮滚动方向一致，所受到的与滚动方向相反的阻力。在车辆行驶过程中，约 20% 的燃油因轮胎的滚动阻力被消耗，在大型卡车中的占比可达 30%~35%，更多的燃油消耗带来了额外的二氧化碳排放。据统计，轮胎的滚动阻力每降低 20%，每条轮胎每百千米可节省燃油 0.32 升，一辆正常家用轿车每年将省油 256 升，节省油费 2000 多元，少去加油站 5 次以上；每条绿色轮胎每百千米减排二氧化碳 400~600 克，每年将减排二氧化碳 320~480 千克，使用"绿色轮胎"，相当于义务植树 2~3 棵！

抗湿滑性的高低是由汽车在湿滑路面上的刹车距离测定的，可以理解为在湿滑路面上的刹车距离越短，抗湿滑性能越强。作为车辆重要的组成之一，绿色轮胎对于车辆行驶性和安全性有着重要保障，它产生的摩擦力可以减少汽车在湿滑或结冰路面 15% 的刹车距离，使汽车的冬季中的驾驶性能提高 10%~15%，可谓是"道路千万条，安全第一条"的重要保障。

具有高耐磨性的绿色轮胎不仅仅有着更长的使用周期，同时大大减少了因磨损带来的固体污染物。据统计，汽车每行驶 100 千米，普通轮胎就要磨掉 8 克，若每年行驶 20000 千米，按一辆正常家用的轿车计算，每年将向大气环境中排放 6.4 千克橡胶、炭黑和其他化学物质颗粒，严重危害环境和人体健康。

在提倡高质量发展和低碳社会的背景下，各行各业都在着力创新，轮胎产业也在不断追求突破，并在绿色环保的道路上永不止步。

3.23　废旧轮胎带来的"黑色污染"该怎么处理？

塑料的发明产生了"白色污染"，让人爱恨纠结。相对的，汽车行业的发展推动了轮胎产业的飞速扩增，轮胎的需求越来越大。伴随着废旧轮胎的数量与日俱增，形成了难以处理的"黑色污染"。"黑色污染"是相对"白色污染"而言的污染，主要是指废旧轮胎对环境所造成的污染（图 3.43）。

图 3.43 堆放的废旧轮胎

据统计，目前国际上废旧轮胎积存量超过 60 亿个，而中国每年废弃轮胎的增长速度为 8%~10%，2020 年废弃轮胎的增量超过 2000 万吨，给生态环境带来了巨大的压力。废轮胎等橡胶具有很强的抗热、抗机械和抗降解性，数十年都不会自然消除，不断增加的废旧轮胎长期露天堆放，不仅造成了土地资源的流失，破坏自然环境，而且容易引发火灾，污染地下水源，严重危及人们的健康和安全。

通常处理"黑色污染"的办法是填埋和焚烧，这种方式不仅不能有效减少"黑色污染"带来的影响，而且会产生危害更大的二次污染。那么该怎样更好地解决废旧轮胎带来的"黑色污染"并且将它们变废为宝呢？下面为大家介绍三类处理"黑色污染"方法：

（1）将废旧轮胎和其他废物一起焚烧转化为蒸汽或者电能，是一种较为直接的处理方式，这种手段目前的效率较低，仅为 40% 左右。与任何固体燃料一样，轮胎燃烧还需要额外的能量来清洁燃烧产物。

（2）废弃轮胎重复利用，可以大大提升资源利用率。经过技术手段处理的废弃轮胎可以变成具有不同功能的橡胶粉和胶粒，这些橡胶粉和胶粒广泛应用在公路建设、防水卷材改性以及多种橡胶制品中。此外，废弃轮胎作为缓震、消音功能材料铺设在飞机场、高速公路及建筑物中，可以提升安全性，降低噪声污染。

（3）热裂解技术是处理废弃轮胎，实现资源转化利用的可行方法。当废弃轮胎受热后，其高分子聚合物和有机添加剂降解为低分子或小分子化合物，从而回收气体、油、固体炭、钢丝和化工产品，这种工艺技术能耗低、无污染、经济效益高，实现了废弃轮胎在安全、环保前提下变成高附加值的再生资源产品，可谓是真正的变废为宝（图3.44）。

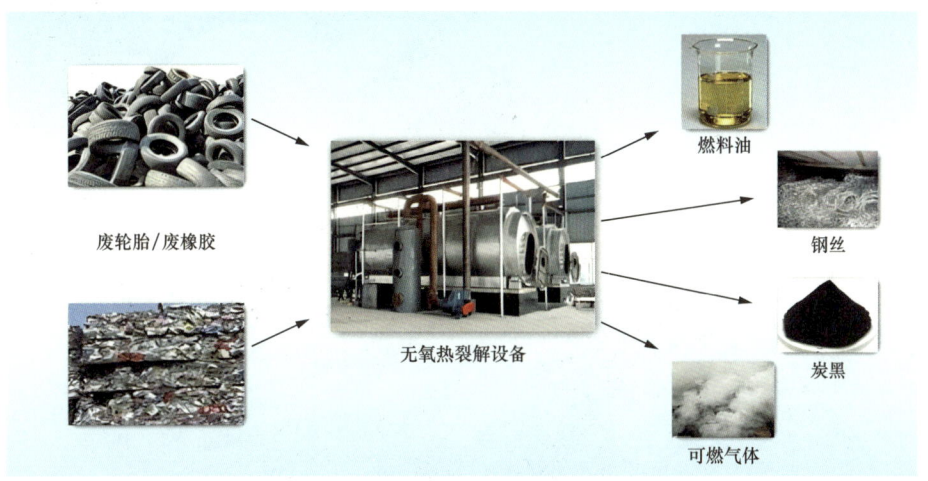

图3.44　废旧轮胎的裂解利用

在当前紧迫的环境压力下，废旧轮胎的回收和处理已得到各国高度重视。比如，德国建立了严格的回收制度，严禁随意丢弃，甚至立法禁止以填埋方式处理废旧轮胎；美国每个州都出台了专门的处理废旧轮胎的法律或法规；日本则开始利用多种技术与方式处理废旧轮胎，其中热分解被认为是今后最有价值的新兴技术。在中国，废旧轮胎处理已成为解决"黑色污染"、促进资源循环利用的战略产业，深入开展对废弃轮胎的利用，不仅可以减少"黑色污染"带来的危害，缓解橡胶资源不足的局面，还可以为社会带来较高的经济效益，最终实现低碳环保和可持续发展。

四 从纺织业到航天军工的"宠儿"——合成纤维

合成纤维是化学纤维的一大类，是利用石油、天然气、煤及农副产品等为原料，经一系列合成反应制成单体分子，再经聚合反应制成高分子化合物，最后加工纺制的纤维。合成纤维品种繁多，常见的品种有涤纶、氨纶、丙纶、维纶等。合成纤维具有防腐、防蛀、防霉变、强力高、耐热、弹性良好、耐磨、耐多次变形和保暖等特性，经改性的新型合成纤维可具有阻燃、抗静电、防污、透湿等功能。

4.1 一张表了解纺织纤维家庭成员

"云想衣裳花想容",李白这句诗脍炙人口,它形象地描绘了纺织服装带给人们的对美好生活的向往。在古代,"耕田而食,纺绩而衣"也是很自然的事情。那么用来"纺绩"制衣的纤维有哪些?又是怎么发展的呢?

在骨针发明以前,石器时代的古人有可能已经开始穿着兽皮。可以想象,它还仅限于披挂或绑扎,仅限于兽皮的简单裁割。在骨针发明以后,古人开始用兽皮缝制衣物。游记作品中也有少数民族"纫叶为衣"的记载,这些绝对不是文人凭空的想象,而是记录了古人早期以兽皮、花草枝叶为衣的历史。

随着古代农业的发展,人们在劳作中发现葛麻的外皮能制作纤维,《诗经》中有大量记载。如《周南·葛覃》中"葛之覃兮,施于中谷,维叶莫莫。是刈是濩,为絺为绤,服之无斁"。从古代典籍的记载和考古发掘的实物相参证,人们从穿树叶、兽皮到穿葛麻纤维制成的衣服,是人类文明迈上的第一个台阶。《易·系辞》云:"黄帝、尧、舜垂衣裳而天下治,盖取之乾坤。"

史籍记载,轩辕黄帝之妻嫘祖首创种桑养蚕之法、抽丝编绢之术,被民间尊称为"蚕神",也被尊为中国古代文明创始者中的人文女祖。蚕茧可以抽丝、织布、制衣,这使人类文明向前又迈了一大步(图4.1)。对于毛纤维,古代也有使用,《诗经》有"毳衣如璊"的记载。到了元代,如今我们常见的棉花才大规模传到中原,并被人们用来纺纱、织布、制衣。

图4.1　蚕茧

四 从纺织业到航天军工的"宠儿"——合成纤维

我们不难发现,葛麻纤维、蚕丝、毛纤维、棉纤维都有一个共同的特点,都是长度比细度大许多倍、具有一定强度和韧性的(可挠曲的)细长物体。只有这样的纤维才能用来纺纱、织布、制衣,于是人们称具有这些特性的纤维为纺织纤维。

人们自然地把纺织纤维中来源于动物和植物的纤维称为天然纤维;把除天然纤维以外的、由人工制造的纤维称为化学纤维(表4.1)。如果说天然纤维的使用是农业文明的产物,那么化学纤维就是工业文明的一个代表。随着人口的不断增长和社会发展,天然纤维不只是产量增长受到客观条件的限制,而且其性能也满足不了人们使用的要求,化学纤维很好地弥补了天然纤维的不足,并且快速发展壮大,目前我国化学纤维占纺织纤维的比例达85%。

表4.1 纺织纤维分类

天然纤维	植物纤维	种子纤维	棉、木棉等
		韧皮纤维	苎麻、亚麻、黄麻、汉麻、苘麻、罗布麻等
		叶纤维	蕉麻、剑麻等
		维管束纤维	竹纤维等
	动物纤维	毛纤维	绵羊毛、山羊绒、骆驼毛绒、兔毛绒、羊驼毛等
		分泌腺纤维	桑蚕丝、柞蚕丝、蓖麻蚕丝、蜘蛛丝等
	矿物纤维		石棉等
化学纤维	再生纤维		黏胶纤维、铜氨纤维、莱赛尔纤维、莫代尔纤维、竹浆纤维、大豆蛋白纤维、醋酯纤维、甲壳素纤维、海藻纤维等
	合成纤维		涤纶、锦纶、腈纶、氨纶、丙纶、维纶、芳纶、超高分子量聚乙烯纤维、聚酰亚胺纤维、聚苯硫醚纤维、聚四氟乙烯纤维、聚乳酸纤维等
	无机纤维		玻璃纤维、碳纤维、石墨纤维、碳化硅纤维、玄武岩纤维、金属纤维等

化学纤维按原料来源一般分为再生纤维、合成纤维和无机纤维三类。其中,合成纤维产量最大,主要品种有涤纶、锦纶、腈纶、氨纶、丙纶等,目前我国合成纤维产量约占化学纤维的91%。

按纤维形态可以分为长丝和短纤。长丝是指长度很长（一般以千米计）的单根或多根连续的化学纤维丝条，通常用十几根或数十根单根长丝并合在一起进行织造，织物表面光滑，光泽较强（图4.2）；短纤是指长度在几毫米至几十毫米的纤维，短纤维必须经纺纱工序，使纤维间加捻抱合后才能形成连续的纱线，进而用于织造，短纤维织物表面有毛羽，丰满蓬松（图4.3）。

图4.2　长丝图

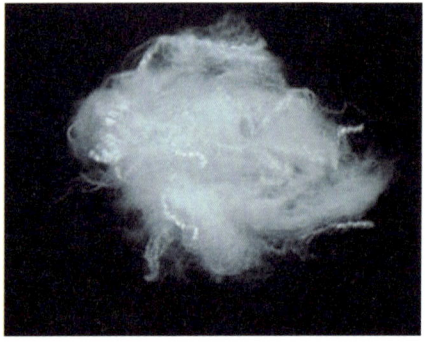
图4.3　短纤图

化学纤维还可以在原来纤维组成的基础上进行物理或化学改性处理，使纤维的形态结构、物理化学性能与常规化纤有显著的不同，我们称之为差别化纤维，也可以在纤维生产过程中赋予其某些特殊功能，如阻燃、抗菌、发光、变色、调温、防辐射、光导、抗紫外线、抗静电、导电、导湿、芳香、防污等。

化学纤维中有些品种因其本身的物理性能突出，或具有某些特殊的性能，我们称之为高性能纤维。

高性能纤维具有普通纤维没有的特殊性能，如质量轻、强力高、模量高、耐冲击、耐高温、耐腐蚀等，主要应用于国防军工和高科技产业各个领域。C919、"天宫一号""蛟龙号"上都有高性能纤维的身影，正可谓"可上九天揽月，可下五洋捉鳖"。

4.2 我国合成纤维工业的跨越式发展

与天然纤维悠久的历史相比，合成纤维的历史还很短。19 世纪末至 20 世纪 30 年代，是人造纤维的创新与起步阶段。之后，随着人工合成高分子的大量问世和现代高分子概念的确立，合成纤维才登上历史舞台。1934 年，德国 IG 化学公司实现了聚氯乙烯纤维的工业化，使它成为世界上最早生产的合成纤维；1939 年，美国杜邦公司成功生产出聚酰胺纤维（尼龙）；1947 年，英国 ICI 公司采用熔体纺丝技术实现了聚对苯二甲酸乙二醇酯纤维（涤纶）的工业化；1950 年，美国杜邦公司实现了聚丙烯腈纤维（腈纶）的工业化，此后又于 1959 年实现了聚氨基甲酸酯弹性纤维（氨纶）的工业化生产；1960 年，意大利 Montefibre 公司实现了聚丙烯纤维（丙纶）的工业化。

新中国成立以前，我国的合成纤维工业一片空白，纺织工业的主要原料是棉花、羊毛、麻、蚕丝等天然纤维（图 4.4），远远不能满足人民的衣被需求。1949 年，全国仅能生产 18.9 亿米棉布，人均 3.5 米。"新三年，旧三年，缝缝补补又三年"的习惯正反映了我国在纺织原料、纺织品服装等方面的贫瘠、供应不足。

图 4.4　天然纤维

为从根本上解决大规模发展纺织工业所需的原料问题，解决老百姓的衣被问题，1954 年前后，国家决定着手创建化学纤维工业，开始了从零起步的艰难之路。国家明确了发展纺织原料实行"天然纤维与化学纤维"并举，发展化学纤维实行"黏胶纤维与合成纤维"并举，特别是加快发展合成纤维。

作为化学纤维的重要组成部分，我国合成纤维的发展始终推动着化纤工业发展的历程，大致可以分为以下几个阶段。

从零起步，铸就基石

1956 年，从民主德国引进了年产 380 吨的锦纶长丝小装置，建设了北京合成纤维试验厂，同年上海合成纤维研究所也成功开发了锦纶纺丝技术，并建试验工厂，从此拉开了中国发展合成纤维的序幕。20 世纪 60 年代，开始发展石油化工，建设了兰州腈纶厂、北京维尼纶厂。20 世纪 70 年代，开始筹建四大合成纤维生产基地，上海石化、辽阳石化、天津石化、四川维尼纶厂（图 4.5）陆续上马，我国合成纤维工业开始由煤化工、乙炔为主要原料生产维尼纶转入以石油、天然气为主要原料生产涤纶、锦纶、腈纶、维尼纶等合成纤维，创建了合成纤维和化纤机械等工业基础，初步形成了化纤工业技术体系，奠定了我国化纤工业的基石，初步解决了人们的穿衣问题。

图 4.5 20 世纪 70 年代的四川维尼纶厂

四 从纺织业到航天军工的"宠儿"——合成纤维

■ 拓展空间，初建完整工业体系

1978年，我国开始实施改革开放政策，合成纤维工业也迎来了历史性的发展机遇，此时我国合成纤维产量为16.9万吨。1978年，仪征化纤的建设及后期的顺利投产，成为我国合成纤维发展历史上一座重要的里程碑，实现了我国合成纤维发展的重大突破，为我国合成纤维工业由小变大奠定了坚实的基础（图4.6）。

图4.6　1982年9月仪征化纤聚酯装置核心设备圆盘反应器吊装

20世纪80年代中期，随着技术市场的开放，我国开始大量引进国外先进技术和设备，锦纶、氨纶、腈纶、丙纶及数量最大的涤纶的生产技术得到明显提升。20世纪90年代，我国已能生产几乎所有的常规合成纤维，基本形成了较为完整的合成纤维工业体系；1998年，中国化纤产量达到510万吨（其中合成纤维产量超过460万吨），占世界化纤总产量的24%。至此，改革开放后中国用了20年时间成为全球第一大化纤生产

图 4.7　1980 年北京市壹市寸布票

国,成为世界化纤业界最具活力、最具影响力的国家;合成纤维工业的发展也促成中国彻底告别了"布票时代"(图 4.7),合成纤维逐渐成为纺织工业最主要原料,为建设小康社会打下了坚实基础。

深度融合,铸就优势产业

进入 20 世纪,特别是加入世界贸易组织以来,我国合成纤维工业改革开放力度加大,产业规模显著提升,产业发展活力大大增强,完全具备了国内外两个市场的竞争力。合成纤维技术、产品全面升级,特别是大容量国产化聚酯技术的突破,造就了化纤工业的规模神话。2010 年,中国化纤产量达到 3090 万吨(其中合成纤维产量为 2852 万吨),占世界的近 60%。中国合成纤维产品不仅满足了国内需求,出口量也快速增加。中国合成纤维产业已成为我国国民经济中充满活力、不可或缺的优势产业之一,为满足中国人民及世界人民的美好生活需求做出了巨大贡献。

顺应趋势,开创产业新格局

自 2011 年,我国合成纤维工业持续推进结构调整和产业升级,逐步建立全球领先地位。在 2012 年之后,行业发展逐渐步入中低速增长的"新常态",倒逼着行业企业切实加快转型升级的步伐,从规模数量型增长向质量效益型转变,科技创新、炼化一体、产业集聚、龙头效应、细分为王等成为行业新的发展趋势。特别是随着国家放开炼化领域投资限制,多家民营化纤企业进入国内炼化领域,推进从原油到纺织的全产业链布局(图 4.8)。炼化一体化发展将使我国合成纤维工业获得质量更高、成本更低、更稳定的原料供应。同时,合成纤维工业在科技进步、节能减排、智能制造、品牌建设等方面也都取得丰硕成果。2019 年,我国化纤产量达到 5827 万吨(其中合成纤维超过 5300 万吨),占全球比例超过 70%。

图 4.8　配备全自动落筒设备的涤纶长丝生产车间

回首 20 世纪六七十年代,"的确良"风靡一时,老百姓排队抢购"的确良"也成为一代人的集体记忆。时至今日,丰富多彩的合成纤维制品早已进入千家万户,成为老百姓喜爱的普通消费品,而且也早已不仅仅局限于"衣",更步入生活的方方面面,在衣食住行各个领域都迸发出磅礴生命力。试想一下,如果没有合成纤维,我们的生活将是怎样的?

4.3　您身边无处不在的合成纤维

合成纤维具有强度高、质量轻、易洗快干、弹性好、不怕霉蛀等特性,用其制成的纺织品,在服装、家纺等领域正悄无声息地服务着我们的生活,目之所及、手之所触,都有合成纤维的身影。

合成纤维应用在服装上最多,无论是正装、礼服,还是休闲、运动,合成纤维都有用武之地。打开衣柜,你会发现,贴身衣物通常采用纯棉或再生纤维素纤维，外套、毛衣和时尚类、运动类、功能类的衣服大多含有合成纤维。从内衣到外套，标识100%棉、麻、毛、蚕丝的衣服很少，或多或少都含有合成纤维。就算是以往使用纯棉的"大户"——内衣、牛仔服，现在不少也添加了氨纶或其他弹性纤维。夏季使用率极高的丝袜、蕾丝裙全部是用合成纤维生产的；冬季的毛衣、毛毯、毛皮大衣也很少用纯毛或动物毛皮制作了，腈纶或涤纶仿毛纤维可以达到同样的效果，羽绒服的面料通常是锦纶或涤纶（图4.9）。

人造毛皮大衣　　　　毛衫　　　　仿麂皮外套

图4.9　合成纤维制品

背包和冲锋衣　　运动T恤、短裤、跑鞋的鞋面、手套

图4.10　运动服装和装备

如果你是一个运动爱好者，跑步、游泳、瑜伽、骑车、登山，各项运动都有使用合成纤维制成的具有吸湿速干、弹力、防晒、防风、防雨、轻便等不同功能的运动服装和装备（图4.10）。

在家里，合成纤维制的纺织品也随处可见。客厅沙发是必不可少的，布艺沙发比真皮沙发性价比高，而且颜

四 从纺织业到航天军工的"宠儿"——合成纤维

色款式新颖,沙发套也可以常换常新,其面料大部分是合成纤维(涤纶、锦纶等)纯纺或混纺而成的,沙发和靠垫里的填充纤维肯定是合成纤维(图4.11)。用于遮光和装饰的窗帘以及地毯,一般也是合成纤维纯纺或混纺而成的。

图4.11 窗帘、沙发、靠垫、地毯

卧室里的纺织品更多,贴肤的制品实际上也少不了合成纤维(图4.12)。床单被套除了天然纤维,合成纤维通过改性也可以实现亲肤,更可以实现抑菌、保健等功能;被子的填充物有棉花、桑蚕丝、羽绒、羊毛等,但更多的是填充涤纶等合成纤维;枕头也一样,有人喜欢胶枕、荞麦枕、决明子枕、茶叶枕,但合成纤维填充的枕头也有松软、弹性好、防螨抑菌的优点。

床上用品

枕头内填充的合成纤维

图4.12 床上用品及枕头填充物

165

在厨房和餐厅里，也有不少合成纤维生产的纺织品（图4.13）。如用合成纤维生产的抹布、百洁布，具有易去污、柔软快干、易洗不发霉、不易产生异味的特点；在使用微波炉、烤箱时用的隔热防烫手套，一些高档产品是用耐高温的芳纶制作的；餐桌用的台布，一般也是合成纤维与棉、麻等混纺生产而成。

抹布　　　　　　　百洁布　　　　　　　隔热防烫手套

图4.13　厨房用品

卫生间里也有合成纤维的身影，如用合成纤维制作的牙刷、沐浴条、超细纤维毛巾、浴巾、速干帽等（图4.14）。

牙刷　　　　　　　沐浴条　　　　　　　超细纤维毛巾浴巾

图4.14　洗漱用品

箱包布通常采用涤纶、锦纶、丙纶等合成纤维制作；户外休闲用的帐篷、伞具、折叠椅的面料采用合成纤维制作，不仅结实、经久耐用，还可以防晒、防雨。

四 从纺织业到航天军工的"宠儿"——合成纤维

汽车上的安全气囊、安全带、儿童座椅默默守护着我们的安全，也都用合成纤维制成；轮胎里有锦纶工业丝或者涤纶工业丝制成的帘子布，使轮胎能够承受巨大压力、冲击负荷和强烈振动；车内顶棚、脚垫、座椅也有采用合成纤维制作的（图4.15）。

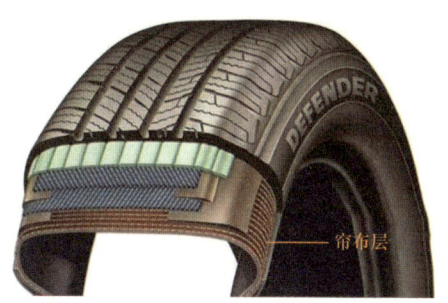

轮胎帘子布

医疗卫生领域的合成纤维制品主要是一次性卫生用品，2020年由于新冠肺炎疫情，造成口罩、防护服、消毒湿巾的需求量大幅增长，这些产品的主要材料就是合成纤维。此外，你可能想象不到，人造血管也是用合成纤维材料制作的。

安全气囊

还有我们很多看不到的地方，例如建筑增强材料，工业过滤材料，工程用的各种绳、网以及加固、防水材料，消防、石油石化、煤炭、钢铁冶金等一线人员的安全防护产品，渔业用到的养殖网箱和捕捞网，结构增强用到的复合材料等。

儿童安全座椅布面、汽车座椅布面、安全带

图4.15 汽车用品

总之，合成纤维无处不在，已渗透到人们生活、工作及日常不易觉察到的方方面面。可以预见它将不断以新的面貌出现，继续满足国民经济发展和人们日益增长的美好生活的需要。

4.4 消费者如何鉴别衣物中的纤维成分？

衣物的材料成分是消费者在选购时普遍关心的问题，但在服装、家纺等产品的营销活动中，特别是面对普通消费者，一些销售人员或厂家故意使用一些科技新名词，或厂家自己命名一些极具诱惑力的名字，或打着高科技产品的旗号来迷惑消费者，以达到刺激消费欲望的目的。下面简要介绍一些易于操作的纺织纤维鉴别方法。

纺织纤维的鉴别方法有很多，大体可以分为物理法和化学法。物理鉴别方法是利用纺织纤维的形态特征和物理性能来鉴别纤维，包括感官鉴别法、密度法、熔点法、色谱法、红外吸收光谱法、双折射率法、黑光灯法、光学投影显微镜法、扫描电子显微镜法等。化学鉴别方法是利用纺织纤维化学性能方面的不同，采用化学的方法来鉴别纤维，如燃烧法、热分析法、热分解法、试剂显示法、点滴法、溶解法、系统鉴别法等。上面罗列的鉴别方法，绝大部分只适用于纺织产品检测机构。对于消费者来说，最适用的方法就是看标签、感官鉴别和燃烧法。

▊ 看标签

GB/T 5296.4—2012《消费品使用说明 第4部分：纺织品和服装》规定：产品应标明名称，且标明产品的真实属性；在国标、行标规定名称之外，应使用不会引起消费者误解或混淆的名称；应标明纤维的成分及含量，国标、行标没有统一名称的可标注为新型纤维。正规渠道销售的纺织品和服装都有吊牌、水洗标和商标等标签，其内容大多能比较客观地反映制作所用的纤维材料，因此可以初步通过标签来了解纤维成分（图4.16）。

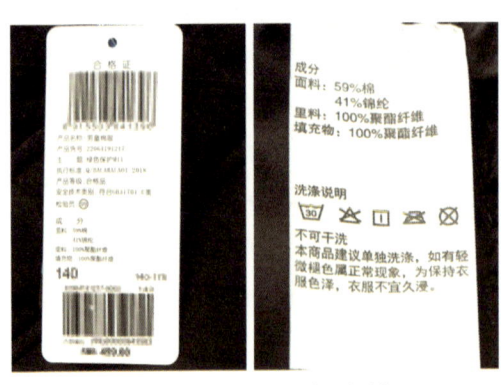

图4.16 某品牌产品吊牌和水洗标

纺织品、服装常用纤维的商品名、英文名、日文名和韩文名见表 4.2。

表 4.2 纺织品、服装常用纤维的商品名、英文名、日文名和韩文名对照表

商品名	英文名	日文名	韩文名
棉纤维	Cotton	コットン	면
苎麻	ramie	苎麻	라미
桑蚕丝	Mulberry silk	シルク	실크
绵羊毛	wool	ウール	양모
山羊绒	cashmere	カシミヤ	캐시미어
黏胶纤维	viscose fiber, viscose rayon	レーヨン	레이온
醋酯纤维	Acetate fiber	アセテト	아세테이트
聚酯纤维（涤纶）	Polyester fiber	ポリエステル	폴리에스터
聚酰胺纤维（尼龙）	Polyamide fiber	ポリアミドナイロン	폴리아미드나일론
聚丙烯腈纤维（腈纶）	Polyacrylonitrile fiber	アクリル	아크릴
聚乙烯醇缩甲醛纤维（维纶）	Polyvinyl	ビニロン	비닐론
聚丙烯纤维（丙纶）	Polypropylene fiber	ポリプロピレン	폴리프로필렌섬유
聚氨酯弹性纤维（氨纶）	Polyurethane fiber、spandex	スパンデックス	스판덱스

感官鉴别

感官鉴别是指通过手摸、目测、耳听、鼻闻等对纺织纤维进行观察，采用感官鉴别法可以初步区分不同纤维种类。

纯棉织物手感柔软，弹性较差，光泽暗淡；真丝织物光泽柔和自然，明亮不刺眼；麻织物手感粗硬，缺乏弹性和光泽，但强力大；羊毛手感柔软，富有光泽，强力较大。

黏胶纤维外观有光泽，染色后色泽鲜艳，织物手感柔软、滑爽，悬垂性好，有凉感，但普通黏胶纤维衣物穿久后易变形。黏胶长丝的外表与蚕丝极为相似，可对比黏胶长丝、蚕丝分别在干态和湿态下的拉伸，黏胶长丝湿态下易拉断，而蚕丝在干态和湿态下的拉伸没有明显的差别。

合成纤维品种较多，纤维的粗细和长短根据用途的不同而略有变化，它们的共同特点是强力较高、弹性较好、手感光滑，但不够柔软。几种常用合成纤维（未经改性的常规产品）的特点如下。

（1）涤纶：纤维强力高，弹性好，吸湿性差。手感爽挺，有金属光泽，拉伸时伸长小。

（2）锦纶：纤维强力较其他合成纤维高，弹性较好。手感较涤纶软塌，光滑接近于蚕丝，有凉爽感。

（3）腈纶：较为蓬松、温暖，手感与羊毛类似，光滑而干爽，人造毛感强。用手揉搓时会产生"丝鸣"的响声。

（4）维纶：形态与棉纤维类似，俗称合成棉花，吸湿性较好，但不如棉纤维柔软。弹性差，有凉爽感。

（5）丙纶：密度很小，不吸湿，强力较好，手感生硬、光滑，有蜡状感，浅色光泽较差。

（6）氨纶：最显著的特征是弹性和伸长度在合成纤维中是最大的，其伸长率可达 500%～800%。

▬ 燃烧法

纺织纤维种类多样，尤其是合成纤维各品种在形态特征方面差别很小，有时仅凭感官法很难准确鉴别，这时可采用燃烧法进行佐证。此方法简单易行，不需要借助任何仪器设备和化学试剂，只需要一个打火机就可以了，但它也有局限性，一般只适用于纯纺且没有经过防火、阻燃或其他后整理的织物，而且需要有一定的经验才会判断（表 4.3）。

总的来说，棉、麻、黏胶纤维等属于纤维素纤维，这类纤维易燃，燃烧时的气味不太刺激，类似烧纸味；丝、毛等纤维属于蛋白质类纤维，燃烧时发出像烧毛发一样的气味；而合成纤维燃烧时大多有明显的刺激性气味，灰烬较硬，不易捻开。

四 从纺织业到航天军工的"宠儿"——合成纤维

表 4.3 合成纤维的燃烧状态及特征

纤维名称	燃烧性	燃烧状态			燃烧时的气味	灰烬残留物特征
		接近火焰时	在火焰中时	离开火焰时		
棉纤维	易燃	软化、不熔不缩	立即快速燃烧，不熔融	继续迅速燃烧	燃纸臭味	灰烬很少，呈细而柔软灰黑絮状
麻纤维	易燃	软化、不熔不缩	立即快速燃烧、不熔融	继续迅速燃烧	燃纸臭味	灰烬少，灰粉末状，呈灰或灰白色絮状
毛纤维	可燃	熔并卷曲，软化收缩	一边徐徐冒烟，一边微熔、卷缩、燃烧	燃烧缓慢，有时自灭	烧毛发臭味	灰烬多，呈松脆而有光泽的黑色块状，一压就碎
蚕丝	可燃	熔并卷曲，软化收缩	卷曲，部分熔融（略熔），燃烧缓慢	略带闪光缓慢燃烧，有时自灭	烧毛发臭味	灰烬呈松而脆的黑色颗粒状，用手指压即碎
黏胶纤维	易燃	软化，不熔不缩	立即燃烧，不熔融	继续迅速燃烧	燃纸臭味	灰烬少，呈浅灰色或灰白色
醋酯纤维	可燃	软化，不熔不缩	熔融燃烧，燃烧速度快，并产生火花	边熔边燃	醋酸味	灰烬有光泽，呈硬而脆不规则黑块，可用手指压即碎
涤纶	可燃	软化，熔融卷缩	熔融，缓慢燃烧，有黄色火焰，焰边呈蓝色，焰顶冒黑烟	继续燃烧，有时自灭	略带芳香味或甜味	灰烬呈硬而黑的圆球状，用手指不易压碎
锦纶	可燃	软化收缩	卷缩，熔融，燃烧缓慢，产生小气泡，火焰很小，呈蓝色	停止燃烧而自熄	氨基味或芹菜味	灰烬呈浅褐色透明圆珠状，坚硬不易压碎
腈纶	易燃	软化收缩，微熔发焦	边软化熔融，边燃烧，燃烧速度快，火焰呈白色，明亮有力，有时略冒黑烟	继续燃烧，边软化熔融，略冒黑烟	类似烧煤焦油的鱼腥（辛辣）味	灰烬呈脆性不规则的黑褐色块状或球状，用手指易压碎

171

续表

纤维名称	燃烧性	燃烧状态			燃烧时的气味	灰烬残留物特征
		接近火焰时	在火焰中时	离开火焰时		
维纶	可燃	软化并迅速收缩，颜色由白色变黄到褐色	迅速收缩，缓慢燃烧，火焰很小，无烟，当纤维大量熔融时，产生较大的深黄色火焰，有小气泡	继续燃烧，缓慢地停燃，有时会熄灭	带有电石气的刺鼻臭味	灰烬呈松而脆的不规则黑灰色硬块，用手指可压碎
丙纶	可燃	软化、卷缩、缓慢熔融成蜡状物	熔融，燃烧缓慢，冒黑色浓烟，有胶状熔融物滴落	能继续燃烧，有时会熄灭	有类似烧石蜡的气味	灰烬呈不定形硬块状，略透明，似蜡状颜色，不易压碎
氨纶	难燃	先膨胀成圆形，而后收缩熔融	熔融燃烧，但燃烧速度缓慢，火焰呈黄色或蓝色	边熔融边燃烧，缓慢地自然熄灭	特殊的刺激性石蜡味	灰烬呈白色橡胶块状

4.5 涤纶（PET 纤维）的两个"亲戚"——PBT 纤维和 PTT 纤维

涤纶是合成纤维中体量最大的一类产品，学名为聚对苯二甲酸乙二醇酯（PET）纤维，是聚酯纤维的一种。

既然涤纶是聚酯纤维的一种，那是不是还有其他的聚酯纤维呢？

随着有机合成、高分子科学和工业的发展，近年研制开发出多种具有不同特性的新型聚酯纤维。聚对苯二甲酸丁二醇酯（PBT）纤维、聚对苯二甲酸丙二醇酯（PTT）纤维就是涤纶其中的两个"亲戚"。它们都是由对苯二甲酸（PTA）或对苯二甲酸二甲酯（DMT）与不同化学单体聚合而成的。涤纶与 PBT 纤维、PTT 纤维都属于聚酯纤维，化学性能相似，但也有区别。

涤纶的强度高、回弹性适中、热定型效果优异，耐热和耐光性好，涤纶织物是日常生活中用得非常多的一种化纤服装面料，最大的优点是坚牢耐用、抗皱免烫，适合做外套服装、各类箱包和帐篷等户外用品。不过涤纶织物吸湿性较差，夏季穿着有闷热感，冬季易带静电、影响舒适性，可通过化学或者物理方法改性来解决这些问题。

与涤纶相比，PBT纤维和PTT纤维最突出的特点就是弹性非常好。氨纶是目前合成纤维中弹性最好的，但耐光性较差、不耐储存，容易变黄且强力下降；同时氨纶一般不能直接当作纬纱或经纱使用，需要先与其他纤维包覆，生产效率低。最关键的是，氨纶价格较高。后来研究人员发现了涤纶这两个"亲戚"的弹性还不错，在某些应用领域中可以替代氨纶。

PBT纤维有极好的伸长弹性回复率，且柔软易染色，特别适用于制作游泳衣、连裤袜、训练服、体操服、健美服、网球服、舞蹈紧身衣、弹力牛仔服、滑雪裤、长筒袜、医疗上应用的绷带等高弹性纺织品（图4.17）。PBT与PET复合纤维具有细而密的立体卷曲、优越的回弹性、手感柔软和优良的染色性能，是理想的仿毛、仿羽绒原料，穿着舒适。PBT纤维的长丝可经变形加工后使用，而短纤维可与其他纤维进行混纺，也可用于包芯纱制作弹力劳动布。PBT纤维由于具有类似羊毛的手感，在毛纺行业可以与棉、麻等交织作为秋冬季衣物，同时也是理想的仿羽绒和填充材料。

图4.17　弹性绷带

若用PBT纤维制成多孔保温絮片，则具有可洗、柔软、透气、轻薄的特点。用PBT纤维生产的簇绒地毯，触感酷似羊毛地毯。鬃丝可作牙刷丝等，具有很好的抗倒毛性能（图4.18）。

图4.18　PBT软毛牙刷

现阶段 PBT 纤维的弹性可达到氨纶的 80%，而其他性能均优于氨纶，同时这种纤维的外观酷似真丝，可与真丝交织成特种风格的织物。

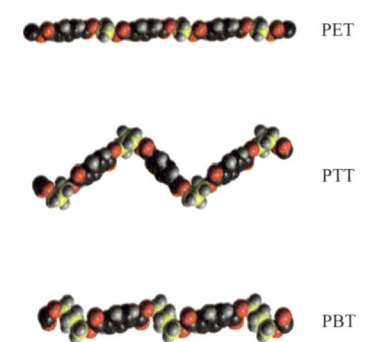

图 4.19　PET 纤维、PTT 纤维、PBT 纤维分子结构比较

PTT 纤维是继 PET 纤维和 PBT 纤维之后的另一种聚酯纤维，其分子结构呈现出一种明显的"Z"字形构象。这种分子结构使得 PTT 纤维具有如同线圈式弹簧一样的变形能力且回弹性优于 PET 纤维和 PBT 纤维，因此被称为"21 世纪新型聚酯弹性纤维"（图 4.19）。

对锦纶和其他聚酯纤维的弹性进行对比发现，PTT 纤维的弹性不仅高于锦纶，更远高于其他聚酯纤维，可满足泳装弹性、尺码规格适应性和压力舒适性等方面需求。用 PTT 纤维制作的运动服、打底裤，穿着贴身舒适，活动自如。

图 4.20　运动护套

由于 PTT 纤维特殊的分子链构象和优异的拉伸回弹性，因此采用热空气卷曲变形工艺能制得高度蓬松的地毯用纱。此外，PTT 纤维／羊毛混纺织物不仅可以解决毛产量问题，同时织物的手感丰厚，悬垂性能优良，具有锦纶和氨纶的多重性能。PTT 纤维还可被用来制作形状记忆纤维，用于手术缝合线、运动护套等（图 4.20）。

目前，PBT 纤维、PTT 纤维已成为一种竞争力很强的纤维，由

四 从纺织业到航天军工的"宠儿"——合成纤维

其生产的纱线或制作的复合纤维,已被市场认可,具有很大的发展前景和良好的经济效益。

4.6 "莱卡"与氨纶到底是什么关系?

买服装的朋友有时会发现,在几个吊牌中有一个三角形图案,上面有文字"莱卡"或"LYCRA"。那么它是什么呢?其实"莱卡"是英文单词LYCRA的译音,它只是美国杜邦公司(DuPont)前全资子公司英威达(2004年被科氏工业集团收购)为其氨纶产品注册的一个商品名(图4.21)。由于杜邦公司在早期的氨纶领域中占据市场垄断地位,"莱卡"几乎就成了氨纶的代名词。

图 4.21 "莱卡"标志

那么氨纶又是什么呢?氨纶是合成纤维的一种,有极好的延伸性和拉伸回复性,拉伸度可达 500%~800% 且瞬时弹性回复率达 90% 以上。氨纶是由聚氨酯弹性体通过不同的纺丝技术加工而成的高弹性、高强度、低模量的弹性纤维,纺丝工艺可分为溶剂法纺丝(干法纺丝、湿法纺丝)、熔融法纺丝、反应纺丝等,其中干法纺丝是目前主要采用的生产工艺。氨纶的学名叫聚氨酯弹性纤维(Polyurethane Fibre),又称斯潘德克斯纤维(Spandex)。故在纺织品成分标注时,氨纶通常用 sp 或者 pu 表示,如 C/SP 就表示棉和氨纶。

175

氨纶最早是在 1937 年由德国拜耳公司（Bayer）研究成功，直到 20 世纪 80 年代，我国才有了第一家氨纶生产企业。

氨纶在纺织服装上的应用，起初只是以裸丝的形式代替橡皮筋衬垫在袜口和手套口等部位。纺纱技术——包芯纱生产技术的出现，使氨纶能很好地与其他常见的纺织纤维（如羊毛、麻、丝、棉及涤纶、锦纶、黏胶纤维等）配合纺纱，其纱线也能配合任何面料使用。使用少量氨纶与其他纤维配合，织造的织物能非常轻松地被拉伸，回复后又可以紧贴在人体表面，对人体的束缚力很小，活动时倍感灵活、轻松。因此氨纶被称作是"友好的"纤维、纺织业的"味精"，它良好的品质被纺织服装业所认可。

由于氨纶具有优异的弹性和回复性，其广泛的应用价值和发展前景逐渐被开发和认可，目前，估计有 35%~40% 的服装含有不同比例的氨纶。氨纶也已从单一的弹性丝袜、内衣等传统应用领域，逐步拓展到高档弹力休闲装、针织外套、医疗卫生和运动塑身等领域。

近年来，氨纶生产及加工技术不断改进和发展，新型功能性氨纶的开发和生产以及先进的纺纱技术和织造技术，使得氨纶能够不断满足日益增加的需求。

目前，LYCRA®（莱卡®）已不再是美国的氨纶品牌了。2019 年，山东如意集团从美国科氏工业手中收购了英威达旗下服饰和高级面料业务，包括 LYCRA®（莱卡®）品牌。此外，随着国内氨纶企业生产技术以及产品质量的提升，国产氨纶在性能和品质上已可以达到与"莱卡"同等水平。

4.7 合成羊毛制成的皮草服装照样雍容华贵

在服装时尚圈，皮草是很多设计师爱用的面料，设计出来的服装自然是集保暖与视觉奢华于一身，显得雍容华贵。

如今大众对环境及动物保护的认知不断深化，越来越多的设计师、品牌

四 从纺织业到航天军工的"宠儿"——合成纤维

开始加入抵制真皮草行列。某著名品牌首席执行官曾就说过,"不认为皮草在时尚行业具有不可替代的力量,各种仿皮草的产品也能同样奢华"。

那么仿皮草的主要原料是什么呢?答案就是腈纶。腈纶是合成纤维的一种,学名是聚丙烯腈(Polyacrylonitrile,简称 PAN)纤维,在国外也称作"奥纶(Orlon)""开司米纶(Cashmilon)"等。

腈纶在内部大分子结构上很独特,呈不规则的螺旋形构象,且没有严格的结晶区,但有高序排列与低序排列之分,这使得腈纶具有很好的热弹性,有耐微生物和霉菌的特性。腈纶的性能极似羊毛,弹性较好,伸长20%时回弹率仍可保持65%,保暖性比羊毛高15%;强度为22.1~48.5厘牛/分特,比羊毛高1~2.5倍。在合成纤维中,腈纶对日光和大气作用的稳定性最好。缘于羊毛作为羊的"外衣",具有天然的保暖性、耐日晒性、耐微生物、耐霉菌等特性,故人们把腈纶称为"合成羊毛、人造羊毛、仿皮草"也是非常贴切的。

腈纶不仅被用于制作人造毛皮,还常用来生产普通服装,以及用于装饰和产业(碳纤维原丝主要来源)领域。腈纶通常可与羊毛混纺用来生产手工绒线、起绒织物、针织羊毛衫、毛毯等,还可与棉、黏胶纤维或其他合成纤维混纺,织成各种衣料和室内用品。此外,腈纶的密度较小,在合成纤维中仅次于丙纶,可用来做轻便服装衣料,如登山服、冬季保暖服装等。

腈纶染色后颜色鲜艳明亮,还具有很好的复原性能,不易变形,因此腈纶和羊毛混纺织物常用来制作地毯。腈纶织物有较好的耐热性,也常用来做窗帘、幕布等。此外,由于腈纶强度高、耐冲击性好,耐日晒,也可用于制作太阳伞、篷布等户外用品(图 4.22)。

普通腈纶有吸湿性差、易起静电、易起球等缺点,为了让腈纶纤维具有与天然纤维类似的性能,赋予织物特殊的功能和性质,技术人员采用改变加工工艺和结构方法,经物理、化学改性生产出许多新型的腈纶纤维。如抗静电腈纶,可用于制作学生校服、礼服、抗静电工作服、炼油及石化部门用的防爆型特殊工作服;高吸湿吸水腈纶,因其存在许多微孔,故密度远低于其他纤维,保暖性接近羊毛,优于棉纤维和普通腈纶,且抗沾污性高于普通腈纶,而且易于洗涤;阻燃腈纶,大多使用氯乙烯基类的单体与丙烯腈共聚而成,其限氧指数(LOI值)一般为26.5%~29%;抗起球腈纶,具有蓬松而不起球、柔软而滑爽的手感,纯纺或与羊毛混纺都具有抗起球的效果,适于制作儿童和妇女服装、毛衣、围巾、毛毯和地毯等;高收缩腈纶,收缩率为普通腈纶的5~10倍,是生产腈纶膨体纱的主要原料之一,用高收缩腈纶与普通腈纶按一定比例混纺成纱,并在松弛条件下进行湿热处理,高收缩腈纶由于大幅度回缩而构成纱芯,普通腈纶则在纱芯的外圈蜷缩成圈,整个纱线成为柔软、丰满的膨体纱。

图4.22 腈纶制品

近年来,腈纶的消费量呈下降趋势,主要是受其他纤维品种的竞争替代、原料成本、环保要求、终端需求、消费习惯等多种因素影响。

4.8 从钓鱼竿到航空器都要用的神奇纤维

碳纤维是由聚丙烯腈、黏胶或沥青等有机纤维原丝经过预氧化、低温碳化、高温碳化、石墨化等一系列物理化学变化得到的含碳量大于93%的纤维材料，具有高强度、高模量、低热膨胀系数、低摩擦系数、耐腐蚀、抗高温、导电、导热等突出性能。碳纤维自20世纪50年代问世，如今已发展成为独立完整的新型工业体系，并被喻为当今世界上材料综合性能的顶峰。美国提出21世纪革命的材料技术共有12项，其中"新一代碳纤维、纳米碳管"位居第四。

碳纤维在使用过程中往往与基体材料复合使用，以充分发挥其优异的性能，碳纤维可用来增强树脂、碳、金属及陶瓷等，目前使用最广泛的是树脂基复合材料。

碳纤维以其优异的性能广泛应用于军工和民用领域，是军民两用新材料，属于技术密集型和国家管控的关键材料，听起来十分神秘和高大上，下面我们一起来认识这种能"上天入水"的神奇纤维（图4.23）。

图4.23 碳纤维

人们日常比较容易接触到的碳纤维是在体育休闲用品领域。与传统材料体育休闲用品相比，碳纤维复合材料具有质量轻、高强度、力学性能好、可设计性强等优点。例如，碳纤维复合材料制成的钓鱼竿质量更轻，收竿时消耗能量更少，而且收竿距增加20%左右（图4.24）；渔具的卷轴也可以采用碳纤维复合材料制备，其强度高，耐腐蚀，能延长使用寿命。

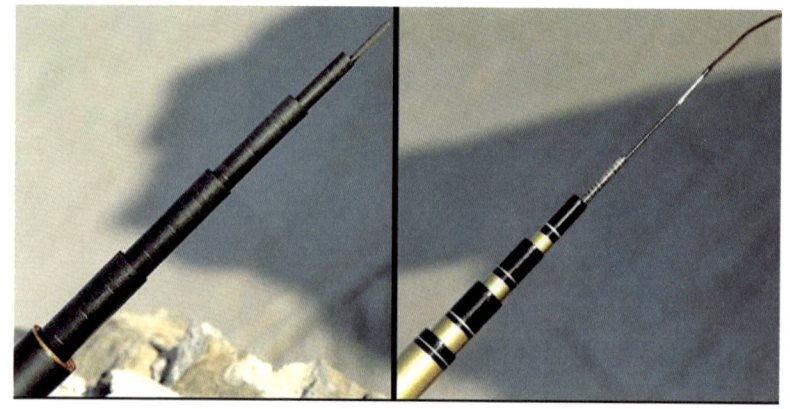

图 4.24 碳纤维钓鱼竿

除钓鱼竿外，在体育休闲用品领域，碳纤维及其复合材料还可应用于高尔夫球杆、网球拍、羽毛球拍、弓箭、滑雪板、赛艇桨、登山用品等，将其优点发挥得淋漓尽致（图4.25和图4.26）。

随着科学技术的进步，碳纤维及其复合材料越来越多地应用于航空航天、军工、能源、汽车、电力、建筑等领域。

图 4.25 碳纤维单艇桨　　　　图 4.26 碳纤维自行车

碳纤维在航空航天领域的应用较早，最初就是为了解决航空航天材料的难题才发明的碳纤维。我国从1996年的"神舟一号"到2023年的"神舟十七号"，碳纤维复合材料在飞船、卫星、返回舱中大量使用，为我国的航天事业立下了汗马功劳。

飞机机身采用碳纤维增强树脂基复合材料来替代传统的金属材料，可以减轻飞机的重量。同时，碳纤维增强树脂基复合材料的制造工艺可以生产非常光滑且复杂的几何形状，以更轻松地优化飞机的空气动力学性能。另外，飞机在跑道高速滑跑准备起飞又中止起飞，或者飞机在跑道上降落滑跑时，因为

图4.27　飞机刹车盘

跑道的长度是有限的，这就需要强有力的刹车盘，这时的刹车盘由于吸收了巨大的能量，温度急剧上升，能达到1000℃左右。碳纤维复合材料制成的刹车盘，具有热膨胀系数小、高温环境下力学性能优异、耐高温烧蚀、耐摩擦等特点，所以飞机刹车盘非他莫属（图4.27）。

碳纤维作为国家战略性材料，现在还被广泛用于火箭、导弹、军用飞机、个体防护等军工领域。在高温惰性环境下，碳纤维是唯一一种在2000℃以上环境中强度不下降的材料，洲际导弹的鼻锥及发射导弹的火箭发动机的喷管和壳体都使用了碳纤维复合材料。

另外，军用舟桥应用碳纤维复合材料替代传统金属，可大大减轻重量，也提高了运输速度和架装速度。碳纤维复合材料制作的防弹头盔、防弹盔甲等，更安全也更轻便。

碳纤维复合材料在能源领域也被使用。如在风力发电机叶片中替代玻璃纤维材料，可以制得尺寸更大的叶片，同时，碳纤维复合材料优异的抗疲劳特性和良好的导电特性，可有效减弱恶劣环境对叶片材料的损害。目前，风

图 4.28　风力发电机组

力发电领域使用碳纤维复合材料制风机叶片已成为一种趋势（图 4.28）。在原油开采中，碳纤维复合材料抽油杆替代传统钢制抽油杆，不但大大延长了抽油杆的使用寿命，也减轻了工人劳动强度，提高了产油量，还增加了经济效益。

碳纤维复合材料在交通领域的应用也是方兴未艾。采用碳纤维复合材料是实现车辆轻量化的关键，高铁、地铁等轨道交通列车和汽车上已经开始使用，而且用量快速增加。车体、构架、车门、保险杠、座椅、侧护板、横梁、减速器、设备件等部件中均可使用，不但可以提高性能，还有效降低车辆的总质量，从而降低能耗。

未来，随着碳纤维及其复合材料的生产和应用技术逐步成熟，生产成本也会逐渐降低，从而进入越来越多的应用领域，满足社会不断发展的需求。

4.9 芳纶的两大神通——阻燃和防弹

关于芳纶流传着一个故事：某仓库突发大火，仓库中的货物几乎完全焚为灰烬。而就在这一堆废墟中，人们惊讶地发现，大量芳纶纱线虽然被熏黑，但却依然完好无损。这个故事增添了芳纶的传奇色彩。由于芳纶最初属于航空航天和军事战略材料而秘不示人，人们日常接触的机会不多，对其了解可能也比较少。那么，芳纶到底是一种什么样的纤维材料呢？

芳纶是一种高性能的合成纤维，学名为芳香族聚酰胺纤维，于20世纪60年代由美国杜邦公司研发成功并商业化，在碳纤维出现之前，芳纶一直占据着高性能纤维市场（图4.29）。芳纶主要分为间位芳纶（芳纶1313）、对位芳纶（芳纶1414、芳纶Ⅱ）和杂环芳纶（芳纶Ⅲ）三大类，其化学结构有相似之处，但性能差异较大。其中，间位芳纶有"防火纤维"的美称，对位芳纶有"防弹纤维"的美称，杂环芳纶比前面两种芳纶的性能更优。

间位芳纶最突出的特点是耐高温，阻燃性和电绝缘性较好。其可在220℃高温下长期使用而不老化，电气性能与力学性能的有效性可保持10年之久，而且尺寸稳定性极佳。用间位芳纶制作的特种防护服，遇火时不燃烧、不滴熔、不发烟，具有优异的防火效果，可有效避免烧伤、烫伤等火灾危险造成的伤害，可为人员迅速撤离险境争取宝贵时间。尤其在突遇900~1500℃的高温时，布面会迅速碳化及增厚，形成特有的绝热屏障，保护穿着者逃生。若加入少量抗静电纤维或对位芳纶，还可有效防止布料爆裂，避免雷弧、电弧、静电、烈焰等危害。

图4.29　芳纶原貌图

用间位芳纶可制作飞行服、防化作战服、消防战斗服及炉前工作服、电焊工作服、均压服、防辐射工作服、化学防护服、高压屏蔽服等各种特殊防护服装（图4.30和图4.31），用于航空航天、军服、消防、石化、电气、燃气、冶金、赛车等诸多领域。除此之外，在发达国家，芳纶织物还普遍用作宾馆纺织品、救生通道、家用防火装饰品、熨衣板覆面、厨房手套以及保护老人儿童的难燃睡衣等。

对位芳纶问世稍晚，外观与聚酰亚胺纤维相似，呈金黄色，貌似闪亮的金属丝线。其分子链沿长度方向高度取向，并且具有极强的链间结合力，从而赋予其高强度、高模量和耐高温特性。对位芳纶强度是优质钢材的5~6倍，模量是钢材或玻璃纤维的2~3倍，韧性是钢材的2倍，而密度仅为钢材的1/5。其连续使用温度范围极宽，耐热性更胜间位芳纶一筹，且具有良好的绝缘性和抗腐蚀性，生命周期很长。对位芳纶的发现被认为是材料界发展的一个重要里程碑。

图4.30　消防战斗服

四 从纺织业到航天军工的"宠儿"——合成纤维

图4.31 电焊工作服

对位芳纶首先被应用于国防军工等尖端领域。为适应现代战争及反恐的需要，许多发达国家军警的防弹衣、防弹头盔、防刺防割服、排爆服以及高强度降落伞、防弹车体、装甲板等均大量采用了对位芳纶。除军事领域外，对位芳纶还被广泛应用于航天航空、机电、通信、建筑、汽车、海洋水产、体育用品等国民经济各个方面。

与众多国外巨头企业相比，我国芳纶发展起步较晚，而且多数国家把芳纶作为战略物资在技术等方面进行严格的管制，以致我国芳纶产业的发展经过了漫长的技术突破期。由于技术、资源等原因，直到21世纪初，我国生产的间位芳纶才达到世界水平，而对位芳纶的性能与美国等国家还有差距。至于杂环芳纶，到2003年我国才研发成功。

杂环芳纶的力学性能和与树脂的复合性能都比间位芳纶和对位芳纶高；同时具有良好的耐热性和尺寸稳定性，使用温度可达到300℃，且在350～400℃几乎不会发生收缩；其阻燃性能优异，极限氧指数可达

39%~42%，比对位芳纶约高 10%。

　　由于杂环芳纶具有多种独特的优异性能，近年来国内外对杂环芳纶及其复合材料进行了广泛的研究，杂环芳纶制备与应用技术的难题不断被攻克，其复合材料的应用也越来越广泛。杂环芳纶及其复合材料已成为各国航空航天、国防军工的关键战略物资。目前，我国的杂环芳纶已应用于固体火箭发动机壳体，可减轻发动机质量。杂环芳纶有优异的高抗冲击性及轻量化等特点，其抗弹能力更强，在防弹衣、防弹头盔、坦克、方舱和防弹装甲车等领域有着更广阔的应用前景（图 4.32）。如杂环芳纶层压板应用在方舱上，能使方舱承受更大的压力和防洞穿，可承受核爆炸产生的压力波和热辐射高温。

　　近年来，技术迅猛发展为芳纶及其复合材料开辟了更多的民用空间，在通信、建筑、汽车、体育用品等民用方面的应用市场也已形成规模化。如用其制作的轮胎帘子线特别适合载重汽车和飞机的轮胎；制成的防护服装、防护手套等安全防护装备，能有效抵御高温、火焰、电弧等作业伤害，最大限度保护劳动者安全；应用于高铁、动车、地铁等高速轨道交通工具的动力牵引、摩擦制动、车体结构、阻燃内饰等系统的关键部件，可有效提高车辆的安全性、舒适性及使用寿命；还可应用于光纤光缆、新型手机电池等信息及通信产品的增强或绝缘。

图 4.32　防弹装甲车

四 从纺织业到航天军工的"宠儿"——合成纤维

4.10 吊起 6000 吨港珠澳大桥接头的高性能纤维缆绳是什么"黑科技"?

2018 年,由中央电视台和中国电影股份有限公司联合出品的大型纪录电影《厉害了,我的国》在全国上映,影片中在港珠澳大桥收官之战接头安装中发挥作用的缆绳,是由 14 万根超高分子量聚乙烯纤维组成的。这样一根直径 0.5 毫米的细丝线,承重力能达到 35 千克。

超高分子量聚乙烯纤维,简称 UHMWPE 纤维,又叫高强高模聚乙烯纤维、高性能聚乙烯纤维等。它是将分子量在 100 万以上的聚乙烯进行纺丝和高倍牵伸而制成的纤维,一般强度高于 20 厘牛/分特、模量高于 800 厘牛/分特,与碳纤维、芳纶并称为当代三大高性能纤维。

早在 20 世纪 30 年代就有人提出了超高分子量聚乙烯纤维的基础理论,后来逐渐形成了两条不同的生产技术路线:一条是溶液干法冻胶纺丝技术路线,简称干法纺丝技术;另一条是溶液湿法冻胶纺丝技术路线,简称湿法纺丝技术。我国自 20 世纪 80 年代开展冻胶纺丝生产超高分子量聚乙烯纤维的研究工作,其后被国家发展改革委员会、科技部列为国家科技成果重点发展计划。

尽管生产技术路线不尽相同,但目的都是增大超高分子量聚乙烯大分子链取向,提高结晶度,改善纤维的聚焦态结构,使纤维在物理力学性能和化学性能方面极具优势,因此其在很多领域得到广泛使用,如军事、航空航天、航海、医疗、工业、渔业养殖、体育用品等。

超高分子量聚乙烯纤维具有优良的耐冲击性能,它在变形和塑形过程中吸收能量的能力和抵抗冲击的能力比 E 玻璃纤维、碳纤维、芳纶都高。即使在 –70℃条件下,仍然保持相当高的冲击强度。这个性能使得其在防护防弹方面有很大的用武之地。在军事上可以制成防护衣料、头盔、防弹材料,如直升机、坦克和舰船的装甲防护板以及雷达的防护外壳罩、导弹罩、防弹衣、防刺衣(手套、护颈等)、盾牌等。其中以软质防弹衣的应用最为引人

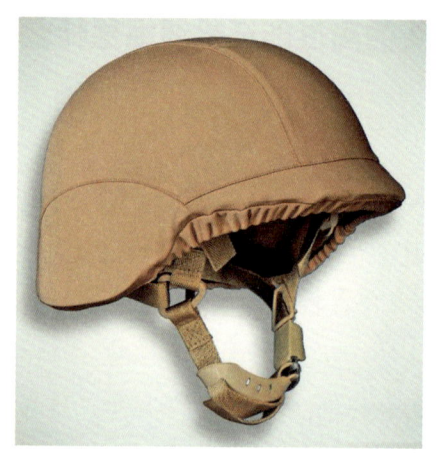

图 4.33　超高分子量聚乙烯纤维制造的防弹头盔

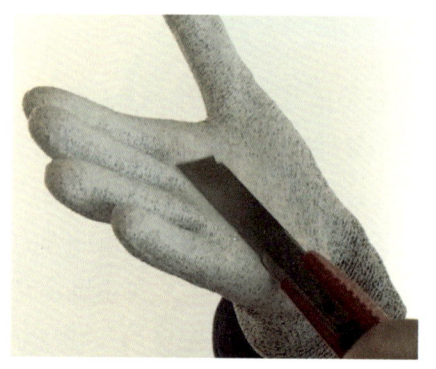

图 4.34　防割手套

注目,它具有轻柔的优点,防弹效果优于芳纶,现已成为防弹背心的重要材料。另外,超高分子量聚乙烯纤维复合材料的比弹击载荷值是钢的 10 倍,是玻璃纤维和芳纶的 2 倍多。用该纤维增强的树脂复合材料制成的防弹、防暴头盔已成为钢盔和芳纶增强复合材料头盔的替代品(图 4.33 和图 4.34)。

在航天工程中,由于该纤维复合材料轻质高强和抗冲击性能好,适用于各种飞机的翼尖结构、飞船结构和浮标飞机等。该纤维也可以用作航天飞机着陆的减速降落伞和飞机上悬吊重物的绳索,取代了传统的钢缆绳和合成纤维绳索,其发展速度异常迅速。

超高分子量聚乙烯纤维的比强度和比模量是目前已知纤维中最高的,其比强度分别为高强度碳纤维的 2 倍、钢材的 14 倍,具有其他纤维不可比拟的优势。此外,它的耐疲劳、耐弯曲性、耐磨性好,所制成的缆绳反复加载 7000 次,强力不衰减。所以说,其制成吊起 6000 吨港珠澳大桥接头的缆绳,是物尽其用。

超高分子量聚乙烯纤维化学结构比较单一,化学性质比较稳定,而且它具有高度结晶的结构取向,使得其在强酸和强碱中不易受到活性基团的攻击,能够保持它原有的化学性质和结构,所以大部分的化学物质都不容易腐蚀它。它还具有抗紫外线性佳、电绝缘性好等特点,密度也比水小(约 0.97 克/厘米^3),因此被广泛应用于舰船系泊与拖缆、舰载机阻拦索与阻拦网、海洋平台拖缆、深海能源与矿产探测开发、移动式系泊缆绳、海洋打捞与救生等领域，解决了以往使用钢缆遇到的锈蚀和锦纶、涤纶缆绳遇到的腐蚀、水解、紫外降解等引起缆绳强度降低和断裂，需经常进行更换的问题（图 4.35）。此外，超高分子量聚乙烯纤维缆绳具有强度高、安全性高、携带使用方便等特点，在树木养护、园林设计修剪、直升机快速投放物资等方面广泛使用，也在舞台特技、保护摄影机控制等方面逐渐被使用；绝缘耐高压等特点，使其广泛用于电力牵引线、搭桥、绝缘吊装、平衡挂线、江河跨线等领域。

值得一提的是，由于它具有优良的耐腐蚀性和高强度，在海岛建设方面，成为传统钢筋骨架绝佳的替代建材材料。

超高分子量聚乙烯纤维结晶度在 98% 以上，具有高纯度、高强度、耐磨性、耐疲劳、生物相容性好、辐照后不降解等特点，因此在医疗生物材料方面有广泛应用。该纤维增强复合材料用于牙托材料、医用移植物和手术缝合线等方面，生物相容性和耐久性都较好，并具有高稳定性，不会引起过敏，已作临床应用。此外它还被用于医用手套和其他医疗设施等方面。

图 4.35　舰船系泊与拖缆

在工业上，该纤维及其复合材料可用作耐压容器、传送带、过滤材料、汽车缓冲板等；建筑方面可以用作墙体、隔板结构等，用它作增强水泥复合材料可以改善水泥的韧度，提高其抗冲击性能。

由于超高分子量聚乙烯纤维具有优良的物理化学性能，其在远洋深海生物捕捞、固定式海洋养殖网箱与海湾养殖、可移动式养殖网箱等方面得到很好的应用。这让上述捕捞和"草原游牧式"养殖得以实现（图4.36）。

目前，在体育用品上，超高分子量聚乙烯纤维已用于制作安全帽、滑雪板、帆轮板、钓鱼竿、球拍及自行车、滑翔板、超轻量飞机零部件等，其性能较传统材料优越。随着体育事业的发展和全民健身活动的开展，其在此领域内将得到越来越多的应用。

未来，超高分子量聚乙烯纤维在生产工艺、产品质量和品种等方面仍然需要科技人员不断攻关，不断提高产品性能和降低成本，推动我国高性能纤维材料的创新发展、普及和应用。

图4.36　可移动式养殖网箱（摄影：黄志林）

4.11 颜色和价值都名副其实的"黄金丝"——聚酰亚胺纤维

2018年1月2日央视财经频道播出了广东东莞大朗毛衣节的盛况。用聚酰亚胺纤维生产的毛衣,火都烧不着,让主持人连连惊叹。

聚酰亚胺(Polyimide,PI)纤维是指分子主链含有酰亚胺环的一类聚合物材料制成的纤维。高度共轭的主链结构使得聚酰亚胺纤维具有良好的力学性能、优异的耐热稳定性、耐酸碱腐蚀性和极好的耐光照稳定性等,因其原生纤维呈现自然的黄金色,因此被誉为"黄金丝"(图4.37)。

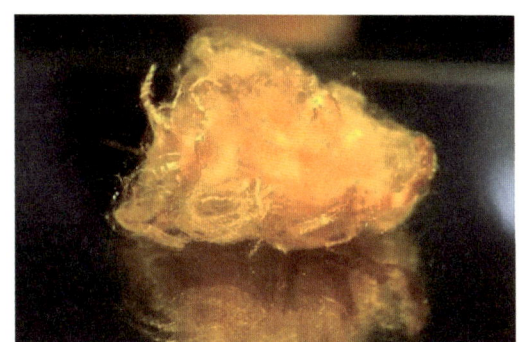

图 4.37 聚酰亚胺

聚酰亚胺纤维分子结构丰富,可根据实际的加工工艺和应用需求,选择不同的单体合成。这种化学结构的可设计性和可调性是其他合成纤维不具备的特征。目前,耐热性聚酰亚胺纤维的力学强度为 0.5～1.0 吉帕,模量为 10～40 吉帕,而高强度、高模性聚酰亚胺纤维的抗拉强度普遍高于 2.5 吉帕,模量高于 90 吉帕。其热分解温度一般都在 500℃以上,是迄今合成纤维中热稳定性较高的品种。其在高温下尺寸稳定性好,强度保持率高,因此通常用于制作过滤材料,可大幅提高烟气除尘滤袋的使用寿命,提高过滤精度,降低粉尘排放量。同时聚酰亚胺纤维具有优良的耐化学性能,故还被用于高端汽车烤漆房的过滤材料。目前在环境保护领域,细旦、超细旦聚酰亚胺纤维已成功用作高温烟气过滤材料,有效降低 $PM_{2.5}$ 的排放,为大气治理增添了解决方案。

聚酰亚胺纤维在耐高温的同时，也拥有优于传统特种纤维的阻燃性能，极限氧指数（LOI）高达38%。江苏奥神新材料股份有限公司生产的聚酰亚胺纤维——甲纶 Supion 面料的实验数据显示，其损毁长度是目前市场上主流灭火防护服面料——芳纶Ⅲ A 面料的1/5，远高于灭火防护服外层面料标准要求；遇高温明火碳化不熔滴，发烟量极低，无毒性，烟密度是 ABD 0031《空客飞机标准：燃烧烟雾和气体毒性要求》空客标准的1/200。所以说聚酰亚胺纤维是密闭空间纺织品、特种工况隔热保温、居家及防护类产品的理想原料。据悉，其用于生产国家森林武警15式灭火战斗服、国家武警特勤15式特战头套、新型消防灭火战斗服、新型飞行服、舰船损管服装等（图4.38），有效增强了军警部队单兵的作战能力，保护战士的生命安全；此外也用于化工、冶金、矿业、火力发电、核工业等领域的专业防护服。其复合材料主要用于军工和航空航天领域，如用于生产固体火箭发动机高性能耐烧蚀材料。

图4.38　新型防护装备

不仅如此，聚酰亚胺纤维具有良好的保暖、绝热性能，其制品具有极低的导热率，保暖性能高于棉、羊毛、蚕丝等传统材料。其还可以作为轻量化保暖填充材料，用于生产絮片、绝热毡，适用于极寒等恶劣环境下的防寒保暖被服等。

此外，聚酰亚胺纤维还具有天然持久的抗菌抑菌作用，抗菌效果好于天然竹纤维。按照 GJB 150.16A—2009《军用装备实验室环境试验方法　第16

部分：振动试验》进行的霉菌试验表明，聚酰亚胺纤维生产的织物长霉等级为 0 级，无霉菌生长。聚酰亚胺纤维远红外射线（4～16 微米生命射线）法向发射率 88%，符合国家远红外保健品标准定义。利用这些优异性能开发出的内衣和保健纺织品等，能够促进穿戴者血液循环，强化组织新陈代谢，增加组织再生能力，提高人体的免疫能力，从而起到医疗保健的作用。

为了扩大聚酰亚胺纤维在纺织服装方面的应用，首先要解决颜色单一和染色难题。科研人员经过不断试验，采用原液着色工艺，开发出了黑色、墨绿色等原液着色聚酰亚胺纤维。通过色牢度测试，耐光色牢度 7 级，耐摩擦、汗渍、耐水等色牢度 4～5 级。

2018 年 10 月 30 日晚，中国国际时装周"无界—九五丝御·邓兆萍 2019 春夏时装发布会"在北京饭店金色大厅举行。聚酰亚胺纤维通过时装展现，将科技含量超高的材料融入时尚的灵魂。高科技材料聚酰亚胺纤维与棉、麻、丝混纺创新出的新型面料，以独特的保暖抑菌功能性给人带来完美着装体验，让聚酰亚胺纤维这一神奇的航天航空材料"飞入寻常百姓家"成为可能，也体现了其"黄金"价值。聚酰亚胺纤维的应用逐渐从航空航天材料走向普通大众穿着使用的服装等纺织品，生动诠释了科技与时尚。

4.12　合成纤维如何满足我们生活中一些特殊需求？

合成纤维是关系到国计民生的重要基础材料，自发明以来，逐渐满足了人们日常生活的基本需求。但是，随着社会经济的发展和生活水平的提高，人们对纺织品服装的需求提出了更多、更高的要求。作为体量最大的纺织纤维原料，合成纤维通过物理变形或化学改性以实现纤维的差别化、功能化，不断满足我们生活中一些特殊需求，如阻燃、抗菌、抗紫外线、远红外线、吸湿排汗、抗静电等。

但是纺织品在日常生活中的应用不断增加，已经成为各类室内外火灾的主要隐患之一，给人们的生命和财产安全带来了巨大的损失。欧盟、美国、日本等国家和地区都已通过严格的法律、法规，要求在某些特定场所必须使用具有阻燃功能的纤维或织物。我国也在逐步完善阻燃纺织品法规和标准，促进阻燃性纤维及其制品的研究、开发与应用。

阻燃纤维主要包括本质阻燃纤维与改性阻燃纤维。其中芳纶、聚酰亚胺纤维、聚苯硫醚纤维、芳砜纶和聚四氟乙烯纤维等合成纤维是本质阻燃纤维；涤纶、锦纶、维纶等可以通过物理或化学改性后获得良好的阻燃性能，其主要制备方法包括共聚切片纺丝法、共混纺丝法、原位聚合法及涂覆法等。阻燃纤维不仅用于医院、军队、森林救火防护服、阻燃工装等特殊要求场合，还用于汽车、火车、飞机的内饰材料，以及宾馆、饭店等公共场所的装饰纺织品和家纺产品等（图4.39）。

高铁阻燃座椅套

阻燃窗帘

消防服

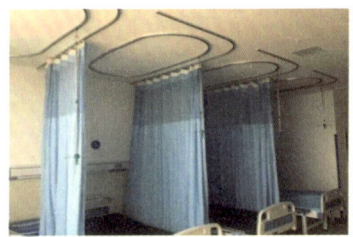
医用阻燃隔帘

图4.39　阻燃制品

对于服装和家用纺织品，人们的要求不再停留于传统的遮盖、保暖等，开始更多地关注它们的健康功能。尤其是儿童和老人这两个特殊群体，要求附加更多的功能价值，如抗菌、促进伤口愈合、改善微循环系统、提高新陈代谢、抗辐射等功能。通过合成纤维大分子与抗菌剂、紫外线屏蔽剂、远红外线矿物质等结合，可以生产出抗菌纤维、防紫外线纤维、远红外线纤维等纺织品产品（图4.40）。如今防紫外线织物不但用在太阳伞上，而且制作的防紫外线皮肤衣很受爱美女士的青睐。

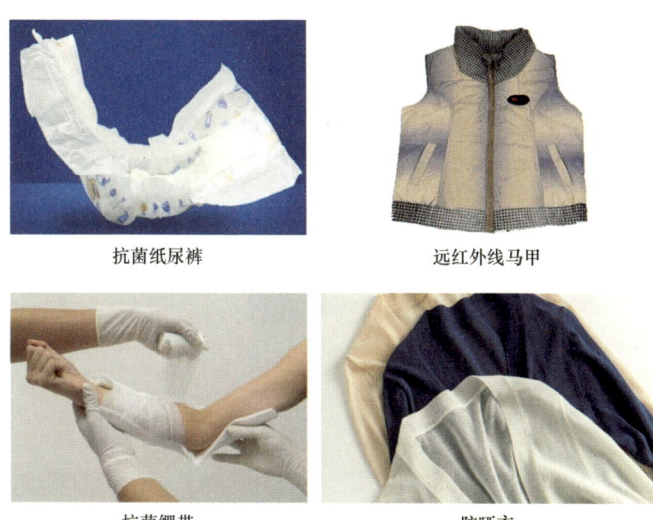

图 4.40　新型纺织制品

在体育休闲方面，具有吸湿排汗、透湿不透风、透湿拒水等功能的运动服、冲锋衣、帐篷等备受青睐。在高强度运动过程中，往往产生大量热量、汗液和汗蒸汽，吸湿速干的运动服就显得非常重要。若是从事登山等户外运动，透湿不透风、透湿又拒水的冲锋衣则非常实用。这些功能，合成纤维通过接枝亲水或拒水基团、改变纤维截面结构等化学或物理改性都能够达到。

大部分合成纤维都有一定的绝缘性，制成的纺织品在使用过程中容易产生、积累静电，刺激人体引起不适，甚至造成电子仪器元件损坏或引发爆燃等。为了避免这些现象发生，可在生产合成纤维时，采用掺杂、共混、复合等方法把导电物质与聚合物一起制成导电纤维，然后生产防静电服、防静电手套、防静电鞋等（图4.41）。这样，纺织品产生的静电能更快地被疏散，避免事故发生。

图4.41 防静电手套、鞋和服装

4.13 能感知外界环境的智能纤维

智能纤维指能够感知温度、光照、应力、湿度、电、磁和化学等外界环境变化或刺激，并随之发生变化和反应的纤维。目前常见的智能纤维材料主要有导电纤维、形状记忆纤维、热敏变色纤维、光敏变色纤维、相变储能调温纤维、自修复纤维、智能抗菌纤维、压电纤维等。

合成纤维中的导电纤维主要品种有锦纶（尼龙）基、涤纶基、腈纶基、丙纶基、芳纶基等有机复合导电纤维。在普通织物中织入导电纤维制作抗静电纺织品，可以使织物上积蓄的电荷快速释放，如加油站的防爆服、医疗领域的无菌服、电子仪器领域的无尘服。也可以利用导电纤维作为导电介质能将电磁波转化或传递出去的特性，用于制作精密仪器、航空航天的电磁波屏蔽材料，以及经常接触电磁辐射的雷达、医疗等工作人员的防辐射工作服等。此外，由于电信号的探测和传输是探测技术中很重要的一个方面，因此导电纤维在智能纺织品方面的研究和应用进展快速。

随着可穿戴技术的发展，根据电子传感器的原理可使用导电纤维制成传感器纺织品，用于温度、压力、电磁辐射、化学物质种类和浓度等的监测，也可制成集成通信、娱乐、使用者监测等功能的智能服装（图4.42）。相比传统的导电金属材料，导电纤维具有更好的柔韧性和服用性能。现在可将导电材料、电子和传统非导电纺织灵活结合，颠覆了电子元件僵硬外壳的传统设定，使其变得柔软、弹性、轻便、灵活，甚至可隐藏于轻薄面料的图案结构之中。

图4.42 采用智能纤维制作的服装

随着母婴市场、老年化市场的不断扩大和不断提高的消费者诉求，健康管理功能将成为可穿戴智能纺织技术的主要发展方向。例如，可监测婴儿、老年人、病人、运动员的呼吸、心跳、体温等生命体征指标（图4.43）。

形状记忆纤维是在特定条件下能够回复外界所赋予初始形状的纤维。聚

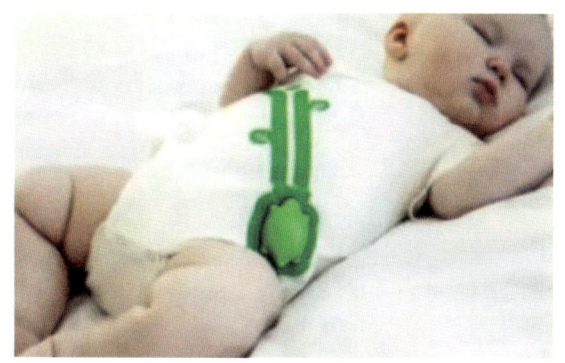

图4.43 智能婴儿连体衣

合物基形状记忆纤维可以用溶液纺丝和熔融纺丝法生产，用于制作形状记忆面料（图4.44）、医学固定材料、运动护套、手术缝合线、假发等。

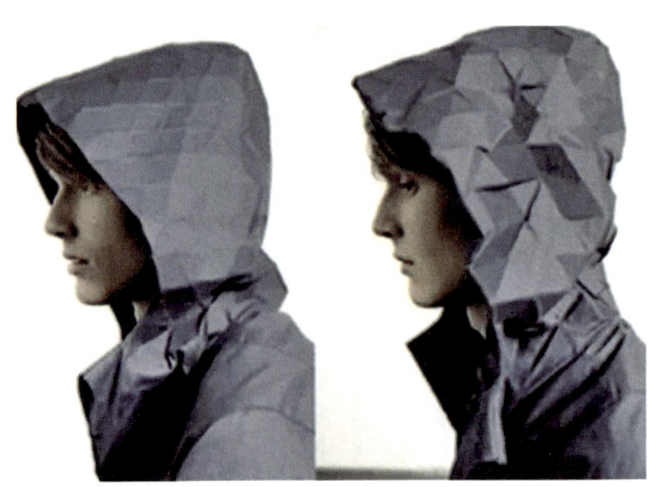

图 4.44 形状记忆面料

变色纤维是指在外界刺激源（光、热、电、水分、辐射等）的作用下，吸收、传输或反射的光随外界刺激的变化发生明显变化的一类纤维。根据外部刺激源的不同，变色纤维可分为光致变色纤维、热致变色纤维、湿致变色纤维、压致变色纤维、电致变色纤维等（图 4.45）。变色服装最早由美国国防部研制作为士兵的"隐形衣"，可以随着周围的环境而改变颜色，以模拟不同作战地形环境的背景色。此后，变色服装逐渐应用到其他领域，可用于医疗监测，如婴儿服装，通过衣服颜色的改变来监测婴儿是否发烧；也可用于特殊职业的安全防护，如穿着者暴露在化学危害物或辐射环境中，衣服颜色会发生改变；还可应用于时尚领域，如光致变色遮阳伞、湿致变色遮阳伞、光致变色窗帘、光致变色 T 恤衫等。

图 4.45 光致变色纤维

相变储能调温纤维可以随着外界环境温度的变化而变化，具有从中吸收热量存储于纤维内部,或放出纤维中储存的热量的功能,在纤维周围形成温度相对恒定的微气候环境,从而达到调节温度的目的,即使在复杂的情况下也可实现保暖舒爽的效果,如制成滑雪衫、靴子、帽子、手套、袜子及运动服等,也可用于制作战地服装、医用纺织品等。

近年来,智能纤维材料迅速发展。业内人士指出,21世纪智能纤维材料将引导纺织材料科学发展的方向,其应用与发展将使纺织工业进入更高的发展阶段。

4.14 合成纤维的循环再利用

我国是全球最大的纺织服装生产国、消费国和出口国,2020年纺织纤维加工量约为5800万吨,其中以石油为基础原料的合成纤维约占80%。我国废旧纺织品服装储量惊人,并且仍在以每年至少新增3000万吨的速度增长,大部分废旧纺织品服装被当作垃圾进行填埋或焚烧等简单处理,严重污染环境,同时也造成资源极大的浪费。因此,废旧纺织品的循环再利用显得格外重要,特别是合成纤维制品。

废旧纺织品及其他废弃的高分子材料经熔融或溶解进行纺丝,或进一步裂解成小分子重新聚合再纺丝制得纤维,此过程称为循环再利用化学纤维。由于其是利用废旧材料为原料制备纤维,实现了再生,故又称再生化学纤维。

我国是世界最大的循环再利用化学纤维生产国,其中循环再利用聚酯纤维(涤纶)产量最大,丙纶、锦纶、氨纶、腈纶、聚苯硫醚等合成纤维也可以进行循环再利用,但产量相对于聚酯纤维小很多。

以聚酯循环再利用为例,专家测算,每回收1吨聚酯废弃物,可节约6吨石油消耗,节省3立方米的填埋空间,减少3.2吨二氧化碳排放,相当于200棵树1年吸收的二氧化碳量。

回收的聚酯瓶

聚合废料

纺丝废料

纺织品服装边角料

废旧纺织品

图 4.46　循环再利用聚酯纤维的原料

循环再利用聚酯纤维的原料主要来源于回收的聚酯瓶以及工厂的聚合废料、纺丝废料、纺织服装生产过程产生的边角料和废旧纺织品（图 4.46）。

但是在目前科技状况下，体量最为庞大的废旧纺织品服装的回收利用难度很大，因为一件衣服可能包括面料、里料、拉链、纽扣、填充物、缝纫线等，成分特别复杂，分类和拆解的成本非常高。另外，再生纺丝生产还存在许多技术瓶颈，也是影响"纤—纤循环再生"的拦路虎，以致我国废旧纺织品服装的循环利用率仅为 10%～15%。

而我国的废聚酯瓶 90% 以上都能被回收，加工成新的涤纶及其他制品，生产出各类品种繁多的纺织品。目前我国循环再利用聚酯纤维 90% 以上的产能以废聚酯瓶为原料。20 个 500 毫升的聚酯瓶可以制作一件上衣（图 4.47），5 个 2 升的聚酯瓶可以制成 0.09 平方米地毯，35 个 2 升的聚酯瓶可以制成一个睡袋所用的全部填充纤维。

目前，循环再利用纤维正从废弃物一次性再利用为主的"开环循环"向"纤维到纤维、制品到制品的闭环循环"转变，再生纤维达到或接近原生纤维品质。为了保护环境，很多大品牌都对外宣布将更多地采用环保材料，某家居品牌就决定到 2030 年时所有产品都将使用可再生材料或回收材料，多家运动品牌也都承诺将逐步增加回收材料的占比。

四 从纺织业到航天军工的"宠儿"——合成纤维

近年来,一系列物理法、化学法、物理化学混合法的回收再利用关键工艺、技术、装备在国内取得重大突破,如原料清洗线高速分色、分材质装置和高洁净清洗剂的普及,

图 4.47　废聚酯瓶循环再利用

物理法的连续干燥、多级过滤,物理化学法的液相增黏技术,化学法的解聚+过滤分离+脱色+精制+缩聚技术等。这标志着我国合成纤维回收再利用及产品开发已经达到一个新的高度(图 4.48)。

图 4.48　闭环循环示意图

随着社会的发展和科技的进步,生态文明理念和绿色消费观念日益深入人心,党的十九大报告明确提出构建人类命运共同体,坚持绿色发展、低碳发展、生态发展理念,绿色、生态和循环再生纤维的制造和使用成为社会责任的体现,受到广泛重视。欧美等发达国家相继推出生态纺织品的相关检测认证标准,如欧盟生态标签(Eco-label)和 Oeko-Tex Standard 100,并不断修订生态纺织品认证标准,对生态纺织品提出日趋严格的环保要求。加大合

成纤维的回收再利用，构建合成纤维全周期绿色体系，正在成为兼有社会效益和经济效益的新兴产业。

4.15 为什么色彩绚丽的服装可能没有经过印染厂？

自然界是色彩绚丽的，蓝天白云、金秋绿夏、青松红梅，色彩在人们的审美中起着举足轻重的作用。

我国纺织印染具有悠久的历史，早在战国时期，植物染料就逐渐出现，染色和绘画已用于生产彩色织物，明清时期江南印染在当时已闻名世界。直到20世纪初，随着国外印染机械和化学染料的发展，国内的印染业也逐渐使用进口的机械染整设备，并广泛应用化学染料和助剂。

随着人们生活水平的提高，对服装等纺织品需求量也不断提高，关联的印染行业规模也在不断地增加，随之而来的环境问题引起越来越多的关注。由于化学染料是典型的化工产品，多数染料的上染率为70%~80%，因此染色过程中有20%~30%染料作为废物排出。印染废水含有大量的有机污染物，需要耗费大量的资源进行集中处理。围绕后染色带来的高能耗、水体污染和纺织品安全性问题，人们开始探索开发更多的染色解决方案。化学纤维原液着色技术的出现，成为解决印染污染问题的有效手段之一。

原液着色纤维是指在纺丝溶液或熔体中加入着色剂（色母粒），经纺丝过程得到的有色纤维，也称无染纤维、色纺纤维、纺前染色纤维（图4.49和图4.50）。

图4.49　着色剂（色母粒）

四 从纺织业到航天军工的"宠儿"——合成纤维

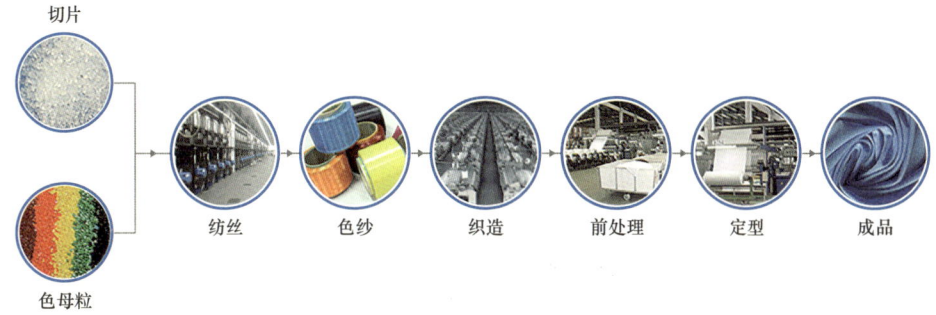

图4.50 原液着色纤维的生产和纺织品加工

原液着色纤维"天生丽质",无须后道染色,节省了染色成本,省去染整废水的治污费用,具有显著的经济效益和社会效益。而且在纤维产品的消费和使用中,织物颜色鲜艳、色泽均匀、经久耐用、不易褪色,较传统工艺有明显优势(图4.51)。

据统计,每吨原液着色纤维加工成纺织品将分别实现废水和二氧化碳减排32吨和1.2吨,分别降低电耗、蒸汽消耗230千瓦时和3.5立方米。原液着色纤维制成的面料比后道染整制成的面料每吨节约成本30%～50%(如中等深度颜色每吨可节电1.1万千瓦时,节水100吨,节省染化料150千克)。

图4.51 原液着色纤维

203

图 4.52　原液着色超高分子量聚乙烯纤维

目前大部分合成纤维都可以用原液着色技术生产，如原液着色聚酯纤维、原液着色聚酰胺纤维、原液着色聚氨酯纤维等。随着科技发展，着色性能不佳的超高分子量聚乙烯纤维（图 4.52）、芳纶、聚酰亚胺纤维等高性能纤维也可以采用原液着色技术生产。

为了推进中国化纤行业的绿色发展，中国化学纤维工业协会把原液着色化学纤维等三类纤维进行"绿色纤维"标志认证，积极打造绿色纤维品牌标志（图 4.53 和图 4.54）。目前，原液着色纤维已广泛应用于产业用纺织品、服用纺织品、家用纺织品，其中在汽车内饰、户外用品、绣花线等产品中用量较大，在窗帘、工装、休闲服、运动服中的应用也日趋广泛。在环保法规日趋严苛，绿色发展、绿色消费观念日益深入人心的背景下，原液着色纤维具有广阔的发展空间。

图 4.53　绿色纤维标志

图 4.54　原液着色纤维展示

参 考 文 献

龚光碧，2022.合成橡胶技术［M］.北京：石油工业出版社．

胡杰，2022.合成树脂技术［M］.北京：石油工业出版社．

林世东，杜国强，马哲峰，等，2021."双循环"模式下我国化纤行业的高质量发展［J］．合成纤维工业，44（4）：66-70.

蔺爱国，2019.石油化工［M］.北京：石油工业出版社．

罗益锋，2022.新形势下全球碳纤维及其复合材料产业发展动向［J］.高科技纤维与应用，47（1）：11-20.

宋倩倩，王红秋，王春娇，等，2021.中国聚乙烯市场发展前景分析［J］.合成树脂及塑料，38（2）：71-76，79.

万殊姝，沈兰萍，郭晶，2021.可持续发展绿色纤维发展现状与应用前景［J］.针织工业（1）：30-33.

姚卢卿，2014.化工辞典［M］.5版.北京：化学工业出版社．

中国合成橡胶工业协会秘书处，2021.中国合成橡胶工业发展"十三五"回顾与"十四五"展望［J］.合成橡胶工业，44（3）：165-169.

中国合成橡胶工业协会秘书处，2023.2022年中国合成橡胶工业回顾及展望［J］.合成橡胶工业，46（3）：171-174.

梁文杰，王丙申，等，2006.石油与衣食住行：石油炼制与化工［M］.北京：石油工业出版社．